U0605604

电气自动化与设备管理

刘相庆　刘文军　李恩龙　主编

哈尔滨出版社
HARBIN PUBLISHING HOUSE

图书在版编目（CIP）数据

电气自动化与设备管理 / 刘相庆，刘文军，李恩龙

主编 . -- 哈尔滨 : 哈尔滨出版社 , 2025. 2. -- ISBN

978-7-5484-8393-9

Ⅰ . TM762

中国国家版本馆 CIP 数据核字第 2025JE2470 号

书　　名：**电气自动化与设备管理**

DIANQI ZIDONGHUA YU SHEBEI GUANLI

作　　者：刘相庆　刘文军　李恩龙　主编

责任编辑：王嘉欣

封面设计：刘梦杏

出版发行：哈尔滨出版社（Harbin Publishing House）

社　　址：哈尔滨市香坊区泰山路82-9号　　邮编：150090

经　　销：全国新华书店

印　　刷：捷鹰印刷（天津）有限公司

网　　址：www.hrbcbs.com

E-mail：hrbcbs@yeah.net

编辑版权热线：(0451)87900271　87900272

开　　本：787mm × 1092mm　1/16　印张：11　字数：186千字

版　　次：2025 年 2 月第 1 版

印　　次：2025 年 2 月第 1 次印刷

书　　号：ISBN 978-7-5484-8393-9

定　　价：58.00 元

编委会

前　言

　　随着信息技术的发展，电气自动化、智能化的运用越来越广泛，电气系统和设备的控制也越来越重要。电气系统只有按照专业化的系统控制要求，才能更好地促使自动化系统的形成，为电气控制系统更好地应用于社会生活奠定基础。而随着电气自动化技术的不断发展，电气设备和系统控制过程中对专业化的要求也越来越高，电气自动化行业的相关从业人员必须通过更加专业化、系统化的学习和研究，来适应这种科技与社会的进步，更要以较高的标准要求自己，为整个电气自动化技术的发展做出贡献。

　　电气自动化是现代社会发展的重要技术成果之一，其通过自动控制系统可按照预设程序稳定开展相应的生产操作，有效降低人工工作量和成本。同时，电气自动化可提高工业生产效率，采用高效的控制技术，有利于提升工业整体经济效益。因此，在我国工业发展进入新时代的背景下，应当严格把握电气自动化控制技术的应用，并实施合理的管理策略，顺应社会前进趋势，实现可持续发展的最终目标。

　　设备是生产力的重要组成部分和基本要素之一，是企业从事生产经营的重要工具和手段，是企业生存与发展的重要物质财富，也是社会生产力发展水平的物质标志。"工欲善其事，必先利其器"，没有现代化的机器设备，就没有现代化的大生产，也就没有现代化的企业。因此，设备在现代化工业企业的生产经营活动中有极其重要的地位。如今设备的现代化水平空前提高，现代企业使用大型化、高速化、精密化、电子化、自动化的设备越来越多，使企业生产过程依赖设备和技术装备的程度日益加深，生产设备对产品的产量、质量、成本的影响程度也与日俱增。因此，科学地管理设备是企业管理工作中的基础工作，是企业提高经济效益的重要途径，是企业长远发展的重要条件，并直接关系到企业的成败与兴衰。

　　本书主要介绍了电气自动化与设备管理方面的基本知识，由浅入深介绍了电气自动化理论与技术，重点分析了电气自动化控制系统、城市轨道交通车辆电气控制系统、城市轨道交通车辆牵引与制动控制系统，并对电气设备管理基础、设备管理技术等内容进行探讨。本书在写作时突出基本概念与基本原理，同时注重理论与实践结合，希望可以给广大相关从业者提供借鉴或帮助。

　　本书涉及的内容较多，因作者知识水平、实践经验所限，书中难免存在不完善之处，热忱欢迎专家、读者予以批评指正。

目 录

第一章　电气自动化理论与技术

第一节　电气控制系统的基础理论

一、自动化概念和应用

自动化，是指机器设备或者是生产过程、管理过程，在没有人直接参与的情况下，经过自动检测、信息处理、分析判断、操纵控制，实现预期目标、目的的过程。简而言之，自动化是指机器或装置在无人干预的情况下按规定的程序或指令自动地进行操作或运行。广义地讲，自动化还包括模拟或再现人的智能活动。

自动化是新的技术革命的一个重要方面。自动化是自动化技术和自动化过程的简称。自动化技术主要有两方面：第一，用自动化机械代替人工的动力方面的自动化技术；第二，在生产过程和业务处理过程中进行测量、计算、控制等。这是信息处理方面的自动化技术。

自动化有两个支柱技术：一个是自动控制，一个是信息处理。它们是相互渗透、相互促进的。自动控制是与自动化密切相关的一个术语，两者既有联系，也有一定的区别。自动控制是关于受控系统的分析、设计和运行的理论和技术。一般来说，自动化主要研究的是人造系统的控制问题，自动控制则除了上述研究外，还研究社会、经济、生物、环境等非人造系统的控制问题，例如，生物控制、经济控制、社会控制及人口控制等，显然这些都不能归入自动化的研究领域。不过人们提到自动控制，通常指的是工程系统的控制，在这个意义上，自动化和自动控制是相近的。社会的需要是自动化技术发展的动力。自动化技术是紧密围绕着生产、生活、军事设备控制以及航空航天工业等的需要而形成及在科学探索中发展起来的一种高技术。

自动化技术广泛应用于工业、农业、国防、科学研究、交通运输、商业、医疗、服务以及家庭生活等各方面。采用自动化技术不仅可以把人从繁重的体力劳动，部分脑力劳动以及恶劣、危险的工作环境中解放出来，而且能扩展、放大人的功能和创造新的功能，极大地提高劳动生产率，增强人类认识世界和改造世界的能力。自动化技术的研究、应用和推广，对人类的生产、生活方式将产生深远影响。因此，自动化是一个国家或社会现代化水平的重要标志。

自动化正在迅速地渗入家庭生活，比如：用电脑设计、制作衣服；全自动洗衣机，不用人动手就能把衣服洗得干干净净；电脑控制的微波炉，不但能按时自动进行烹调，做出美味可口的饭菜，而且安全节电；电脑控制的电冰箱，不但能自动控温，保持食物鲜美，而且能告诉你食物存储的数量和时间，能做什么佳肴，用料多少；还有，空调能为你提供四季如春的环境，清扫机器人能为你打扫房间等。

在办公室里广泛地引入微电脑及信息网络、文字处理机、电子传真机、专用交换机、多功能复印机和机器人秘书等技术和设备，推进了办公室自动化。利用自动化的办公设备，可自动完成文件的起草、修改、审核、分发、归档等工作，利用信息高速公路、多媒体等技术进一步提高信息加工与传递的效率，实现办公的全面自动化。办公自动化的主要目标是企业管理自动化。工厂自动化主要有两方面：一是使用自动化装置，完成加工、装配、包装运输、存储等工作，如用机器人、自动化小车、自动机床、柔性生产线和计算机集成制造系统等；二是生产过程自动化，如在钢铁、石油、化工、农业、渔业和畜牧业等的生产和管理过程中，用自动化仪表和自动化装置来控制生产参数，实现生产设备、生产过程和管理过程的自动化。

自动化还有许多其他的应用：在交通运输中采用自动化设备，实现交通工具自动化及管理自动化，包括车辆运输管理、海上及空中交通管理、城市交通控制、客票预订及出售等；在医疗保健事业及图书馆、商业服务行业中，在农作物种植、养殖业的生产过程中，都可以实现自动化管理及自动化生产。当代武器装备尤其要求高度的自动化。在现代和未来的战场上，飞机、舰艇、战车、火炮、导弹、军用卫星以及后勤保障、军事指挥等，都要求实现全面的自动化。

自动化技术是发展迅速、应用广泛、最引人注目的高技术之一，是推动高技术革命的核心技术，是信息社会中不可缺少的关键技术。从某种意义上讲，自动化就是现代化的同义词。

二、电气自动化控制技术应用要点

(一) 集散控制系统

随着工业控制计算机应用范围的扩大，建立以系统和连续生产过程为对象的研究模式成为工业企业的常规化应用方案。为了实现大型分散控制系统的全面升级，应用电气自动化控制技术建立集散控制系统具有重要的实践意义。分布式控制系统 (Distributed Control System, DCS) 的技术体系较为先进，对应的组态学习状态便捷性较高，且 DCS 系统还将向着综合性更强的方向发展。在未来的发展过程中，借助电气自动化控制技术将不同的单 (多) 回路调节设备、可编程逻辑控制器 (Programmable Logic Controller, PLC) 以及工业个人计算机 (Industrial Personal Computer, IPC) 等设备联动建立应用系统，才能够顺应工厂自动化需求。目前，基于电气自动化控制技术的 DCS 系统也在逐渐融合智能化技术方案，并且匹配有数据库系统和推理技能等相关技术，已经基本建立了完整的知识库系统和专家系统等，真正意义上实现了工业作业的自学习控制目标。配合人工智能指令的 DCS 系统也将建立层级实现过程，从而为工业 PC 化、DCS 专业化提供技术支持。例如，DCS 系统本身具有自动跟随的应用特征，在冶金工业工艺运行过程中能以自动化控制的模式维持冶金作业时实时性跟踪处理的状态。这一过程不仅能实现全过程操作管理，还能完成技术故障诊断。

(二) 生产自动化控制

在相关行业中应用电气自动化控制技术能在实现生产自动化的同时促进生产过程自动化。一方面，将电气自动化控制技术应用在基础控制作业方面，能借助 PLC 系统、工业控制计算机等替代传统的模拟控制技术方案，且只需匹配现场总线和工业以太网就能建立完整的自动化控制机制和完整的生产自动化机制。例如，建立现场总线控制系统 (Fieldbus Control System, FCS) 能结合工艺要求完成自诊断、自校正等相关工作。在 Industrial Ethernet 技术全面发展的基础背景下，匹配电气自动化控制技术的介入控制模块将发挥更大的作用，能够实现数字式网络互联，提升系统的开放性和可操作性。另一方面，应用电气自动化控制技术能实现生产过程自动化，主要体现在实时监控生产过程中的运转参数、温度参数和流量参数等。系统借助自动化仪器仪表设备获取回路控制信息，能提升生产和能源计量工作的规范化水平，且保证数据的精准度符合应用预期要求。对生产过程而言，预报报警信息要借助电气自动化控制技术系统实现完整的反馈，然后才能落实相应的调控策略。

综上所述，在工业流程中应用电气自动化控制技术能够打造更加便捷、高效且完整的行业应用模式，从而确保生产执行系统发挥更大的作用，促进整个行业的进步和可持续发展。

(三) 电网调度自动化

在电网调度控制方案中，控制中心主要由计算机网络系统、工作站和服务器等部分组成。借助电力系统专用的广域网，能搭建完整的连接体系、对应的下级电网调度控制中心和调度范围内的发电厂等。可见，借助电气自动化控制技术能提升调度自动化水平。在电网调度控制方案中应用电气自动化控制技术具有以下功能：第一，能辅助电网调度工序打造数据实时性采集和电网安全性监控的工作模式；第二，能建立完整的电力状态评估模式，从而全面分析电力系统目前的运行情况并预测运行趋势，为全面提升电网调度应用控制水平提供保障；第三，完成电网自动发电控制和自动经济调度，以使电网调度工作适应市场运营发展需求。

(四) 变电站自动化

随着科学技术的不断发展，智能化变电站的发展受到了广泛关注。为了打造更加合理的运行管控结构，需要应用电气自动化控制技术替代传统的人工监视模式和人工操作模式，以打造更加智能的信息汇总和故障处理模式。在变电站自动化体系内，借助电气自动化控制技术能实时管理站内的相关电气设备，从而打造全方位监控体系和实时性控制体系。在变电站自动化体系内应用电气自动化技术具有以下优点：第一，能实现全微机化设置目标，提升装置的应用效果，从而替代传统的电磁式设备，提升设备的整体水平；第二，能打造二次设备数字化运行平台，并且融合网络化、集成化应用的特点，在实际应用中借助计算机电缆设备或光纤设备替代传统的电力信号电缆结构；第三，该技术支持运行管理和数据记录的实时性统计，只需借助主屏幕就能显示实时数据和运行状态等相关参数，以便管理人员开展相应的管理工作。可见，在变电站自动化控制工作中，借助电气自动化控制技术不仅能打造更加现代化的生产管理环境，而且能匹配完整的运行操作管理方案，最终实现实时性监督的目的。

（五）节能环保机制

电气自动化控制技术的应用不仅能提升工艺流程的智能化水平，还能为顺利开展节能环保工作提供支持，从而维持综合应用效率。特别是在冶金等环境污染性较大的产业体系中，电气自动化控制技术能发挥重要作用。在实际冶金生产过程中会产生较多的废料和废渣，这不仅会对环境产生影响，还会制约整个行业的环保发展，因此匹配电气自动化控制技术以建立对应的环保冶炼模型势在必行。在冶金过程中应用电气自动化控制技术主要是借助该技术监督冶金的整个过程，并实时检测分析工艺流程结束后产生的废物，跟踪监管可以回收利用的金属材料，之后应用对应技术和检测系统回传相关信息，然后由控制中心在获取信号后完成二次冶炼。对不能重复利用的废渣废料则统一收集处理，从而在一定程度上减少污染物的排放量，为环境管理工作的全面优化提供支持。

另外，在冶金工业废水处理环节中应用电气自动化控制技术也具有一定的应用优势，其功能主要是监督大功率电气控制设备，并配合使用检测装置及时汇总废水的相关信息。若有害物质超标，它能直接操作自动化控制器完成废渣的过滤处理，从而提升环保质量，避免严重的环境污染影响行业的可持续发展。

三、电气控制系统的基本原理及对其基本要求

（一）电气控制系统的基本原理

在现代科学技术的众多领域中，电气控制技术起着越来越重要的作用。所谓电气控制，是指在没有人直接参与的情况下，利用外加的设备或装置

(控制装置或控制器)，使机器、设备或生产过程(统称"被控对象")的某个工作状态或参数(被控量)自动地按照预定的规律运行。近几十年，随着电子计算机技术的发展和应用，在宇宙航行、机器人控制、导弹制导以及核动力等高新技术领域中，电气控制技术具有特别重要的作用。不仅如此，电气控制的应用现已扩展到生物、医学、环境、经济管理和其他许多领域中，成为现代社会活动中不可缺少的重要组成部分。电气控制发展初期，是以反馈理论为基础的自动调节原理，主要用于工业控制。为了实现各种复杂的控制任务，首先要将被控对象和控制装置按照一定的方式连接起来，组成一个有机整体，这就是电气控制系统。在电气控制系统中，被控对象的输出量(被控量)是要求严格加以控制的物理量，可以要求其保持为某一恒定值，如温度、压力、液位等，也可以要求其按照某个给定规律运行，例如飞机航线、记录曲线等。控制装置则是对被控对象施加控制作用的机构的总体，它可以采用不同的原理和方式对被控对象进行控制，但最基本的一种是基于反馈控制原理组成的反馈控制系统。

(二) 对电气控制系统的基本要求

电气控制理论是研究自动控制共同规律的一门学科。尽管电气控制系统有不同的类型，对每个系统也有不同的特殊要求，但对各类系统来说，在已知系统的结构和参数时，我们感兴趣的都是系统在某种典型输入信号下，其被控量变化的全过程。对每一类系统被控量变化全过程提出的共同基本要求是一样的，可以归结为稳定性、快速性和准确性，即稳、快、准的要求。

1.稳定性

稳定性是保证控制系统正常工作的先决条件。稳定性是指系统受到外部作用后，其动态过程的振荡倾向和系统恢复平衡的能力。如果系统受到外部作用后，经过一段时间，其被控量可以达到某一稳定状态，则称系统是稳定的。还有一种情况是系统受到外部作用后，被控量单调衰减。在这两种情况中系统都是稳定的，否则称为不稳定。另外，若系统出现等幅振荡，即处于临界稳定的状态，这种情况也可视为不稳定。线性自动控制系统的稳定性是由系统结构决定的，与外界因素无关。

2. 快速性

为了很好地完成控制任务，控制系统仅仅满足稳定性要求是不够的，还必须对其过渡过程的形式和快慢提出要求，一般称为动态性能。快速性是通过动态过程时间长短来表征的，系统响应越快，说明系统复现输入信号的能力越强。

3. 准确性

理想情况下，当过渡过程结束后，被控量达到的稳态值应与期望值一致。但实际上，由于系统结构、外作用形式，以及摩擦、间隙等非线性因素的影响，被控量的稳态值与期望值之间会有误差存在，称为稳态误差。稳态误差是衡量控制系统精度的重要标志。若系统的最终误差为零，则称为无差系统，否则称为有差系统。

第二节　自动控制系统技术分析

一、自动控制系统的控制方式与性能指标

（一）自动控制系统的控制方式

自动控制系统的控制方式有开环控制、闭环控制和复合控制。

1. 开环控制

开环控制系统是指系统的输出端和输入端不存在反馈关系，系统的输出量对控制作用不发生影响的系统。这种系统既不需要对输出量进行测量，也不需要将输出量反馈到输入端与输入量进行比较，控制装置与被控对象之间只有顺向作用，没有反向联系。根据信号传递的路径不同，开环控制系统有两种：一种是按给定值操作的开环控制系统，另一种是按干扰补偿的开环控制系统。

开环控制系统的优点是系统结构和控制过程简单、稳定性好、调试方便、成本低。缺点是抗干扰能力差，当受到来自系统内部或外部的各种扰动因素影响而使输出量发生变化时，系统没有自动调节能力，因此控制精度较低。一般用于对控制性能要求不高，系统输入—输出之间的关系固定，干

扰较小或可以预测并能进行补偿的场合。

2. 闭环控制

闭环控制是指被控量有反馈的控制，相应的控制系统称为闭环控制系统，或反馈控制系统。闭环控制系统中，输入量通过控制器去控制被控量，而被控量又被反馈到输入端与输入量进行比较，比较的结果为偏差量，偏差量经由控制器适当地变换后控制被控量。这样整个控制系统就形成了一个闭合的环路。

闭环控制系统的突出优点是控制精度高、抗干扰能力强、适用范围广。无论出现什么干扰，只要被控量的实际值偏离给定值，闭环控制就会通过反馈产生控制作用来使偏差减小。这样就可使系统的输出响应对外部干扰和内部参数变化不敏感，因而有可能采用不太精密且成本较低的元件来构成比较精确的控制系统。

闭环控制也有其固有的缺点：一是结构复杂，元件较多，成本较高；二是稳定性要求较高。由于系统中存在反馈环节和元件惯性，而且靠偏差进行控制，因此偏差总会存在，时正时负，很可能引起振荡，导致系统不稳定。可见控制精度与稳定性是闭环系统的基本矛盾。

3. 复合控制

为了降低系统误差，在反馈控制系统中输入顺馈补偿，顺馈补偿与反馈控制相结合就构成了复合控制。顺馈补偿与偏差信号一起对被控对象进行控制。

(二) 自动控制系统的性能指标

在分析和设计自动控制系统时，需要一个评价控制系统性能优劣的标准，这个标准通常用性能指标来表示。对线性定常系统，经典控制理论所使用的性能指标主要包括三方面内容：稳定性能、动态性能和稳态性能。

1. 系统的稳定性能

系统的稳定性是指系统在受到外部作用后，其动态过程的振荡倾向和能否恢复平衡状态的能力。由于系统中存在惯性，当其各个参数匹配不好时，将引起系统输出量的振荡。如果这种振荡是发散或等幅的，系统就是不稳定或临界稳定的，它们都没有实际意义的稳定工作状态，因而也就失去了工作能力，没有任何使用价值（这里不包括振荡器）。尽管系统振荡常常不可避免，但只有这种振荡随着时间的推移而逐渐减小乃至消失，系统才是稳定的，才有实际工作能力和使用价值。

由此可见，系统稳定是系统能够正常工作的首要条件，对系统稳定性的要求也就是第一要求。线性控制系统的稳定性是由系统自身的结构和参数所决定的，与外部因素无关，同时它也是可以判别的。

2. 系统的动态性能

由于控制系统总包含一些储能元件，所以当输入量作用于系统时，系统的输出量不能立即跟随输入量发生变化，而是需要经历一个过渡过程才能达到稳定状态。系统在达到稳定状态之前的过渡过程，称为动态过程。表征这个过渡过程的性能指标称为动态性能指标。通常用系统对突加给定信号时的动态响应来表征其动态性能指标。

动态性能指标通常用相对稳定性和快速性来衡量，其中相对稳定性一般用最大超调量来衡量。最大超调量反映了系统的稳定性，最大超调量越小，则说明系统过渡过程进行得越平稳。

系统响应的快速性是指在系统稳定的前提下，通过系统的自动调节，最终消除因外作用改变而引起的输出量与给定量之间偏差的快慢程度。快速性一般用调节时间来衡量，理论上的大小也是可以计算的。毫无疑问，对快速性的要求当然是越快越好。但遗憾的是，它常常与系统的相对稳定性相矛盾。

3 系统的稳态性能

系统响应的稳态性能指标是指在系统的自动调节过程结束后，其输出量与给定量之间仍然存在的偏差大小，也称稳态精度。稳态性能指标（准确性）一般用稳态误差来衡量，它是评价控制系统工作性能的重要指标，对准确性的最高要求就是稳态误差为零。

综上所述，对控制系统的基本要求就是稳、快、准。但在同一系统中，稳、快、准是相互制约的。快速性好，可能引起剧烈振动；改善稳定性特别是提高相对稳定程度，可能会使响应速度趋缓，稳态精度下降。因此，对实际系统而言，必须根据被控对象的具体情况，对稳、快、准的要求各有侧重。例如，恒值系统对准确性要求较高，随动系统对快速性要求较高。

二、自动控制系统时域分析

(一) 时域分析法

时域分析法是在一定的输入条件下,使用拉氏变换直接求解自动控制系统时域响应的表达式,从而得到控制系统直观而精确的输出时间响应曲线和性能指标。

在控制工程中,严格来说,任何一个控制系统几乎都是高阶系统(描述系统动态特性的运动方程是高阶微分方程)。对高阶系统的分析一般来说是相当复杂的,即使我们使用计算机处理,所求出响应的性能指标也不一定能满足工程上的需要,甚至系统可能是不稳定的。

使用时域分析法无法直接提出校正方案。在工程实践中往往是根据被控制对象的使用要求,确定系统的静态和动态性能指标,再根据性能指标的要求确定预期响应曲线,进而通过校正的方法人为地改变系统的结构和性能,使之满足所要求的性能指标。换言之,它并不要求校正后的响应曲线严格按照预期的响应曲线变化,只要求它的变化趋势与预期响应曲线一致,并满足性能指标的要求即可。工程上常将一阶、二阶等系统的响应曲线作为自动控制系统的预期时域响应曲线。

控制系统的时域响应不仅取决于系统本身的结构与参数,还与外加信号有关。因此,需要有一个对各种控制系统性能指标进行比较的基础,也就是预先设定一些典型信号,然后比较各种系统对这些输入信号的响应。

对实际系统进行分析时,应根据系统的工作情况选择合适的典型输入信号。同一系统选择不同的输入信号,其响应也不同。

(二) 自动控制系统稳定性

稳定性是指控制系统在受到扰动信号作用,原有平衡状态被破坏后,经过自动调节能够重新达到平衡状态的性能。当系统在扰动信号作用(如电网电压波动、电动机负载转矩变化等)下,偏离了原来的平衡状态;若系统能通过自身的调节作用使偏差逐渐减小,重新回到平衡状态,则系统是稳定的;若偏差不断增加,即使扰动消失,系统也不能回到平衡状态,则这种系统是不稳定的。

系统稳定性概念包括绝对稳定性与相对稳定性。绝对稳定性是指系统稳定与否，而相对稳定性是指在绝对稳定的前提下，系统稳定的程度。

系统输出由稳态分量和暂态分量组成。稳态分量取决于输入控制信号，暂态分量取决于闭环传递函数。控制系统要求其输出量总是跟随输入控制信号的变化，这就要求系统进入稳态后，暂态分量逐渐衰减到零。

暂态分量的变化主要取决于系统闭环传递函数的极点。由一阶系统和二阶系统的分析可知：

（1）若传递函数的极点为负实数，则暂态响应是收敛的，它按指数规律逐渐衰减并趋于零；相反，若传递函数的极点为正实数，则瞬态响应是发散的，它按指数曲线增长。

（2）若传递函数的极点是一对共轭虚数，则暂态响应是等幅振荡的，处于临界稳定状态。由于在临界稳定状态下系统输出响应曲线无法跟随输入控制信号变化，因而工程上认为临界稳定状态也是不稳定状态。

（3）若传递函数的极点为一对共轭复数，当实部为负时，则暂态响应是收敛的，其振幅按指数规律逐渐衰减并趋于零；相反，若实部为正时，瞬态响应是发散的，振幅按指数规律增长。

（4）若传递函数极点为零，则响应为一阶跃信号。

只要系统任意一个瞬态分量是发散的（或等幅振荡的），则系统响应必然是发散（或等幅振荡的）。因此，系统稳定的充分必要条件是：系统闭环传递函数所有的极点必须处于复平面的左半部。

同时，对于一个稳定的系统，极点离虚轴越远，即衰减系数越大，其暂态分量衰减越快，系统的调节时间越短；若传递函数的极点为一对共轭复数，虚部值越小，振荡倾向越弱，相对稳定性越好。

（三）自动控制系统稳态性能分析

评价一个控制系统的性能时，应在系统稳定的前提下，对系统的动态性能与稳态性能进行分析。如前所述，系统的动态性能用相对稳定性能和快速性能指标来评价。而系统的稳态性能用稳态误差指标来评价，即根据系统响应某些典型输入信号的稳态误差来评价。稳态误差反映自动控制系统跟踪输入控制信号或抑制扰动信号的能力和准确度。稳态误差主要与系统的结构、参数和输入信号的形式有关。

要减小系统的稳态误差，可以增大系统开环增益或增加前向通道串联的积分环节数目。这两个措施都将使系统的相对稳定性变差，甚至会导致系统不稳定。也就是说系统的动态性能与稳态性能之间是矛盾的。因此，常常需要在它们之间进行折中处理。但是，当系统的动态性能与稳态性能指标要求都很高时，或者系统存在很强的扰动时，这种折中处理往往是不可能实现的。在这些情况下应采用前馈控制进行误差补偿。这种采用前馈控制与反馈控制相结合的控制方法称为复合控制。

三、自动控制系统的根轨迹分析技术

闭环控制系统的稳定性和性能指标主要由闭环极点在复平面上的位置决定。因此，分析或设计系统时确定闭环极点的位置是十分有意义的。为了求出闭环极点，就要解代数方程。一方面，高阶代数方程求解较为困难；另一方面，每当有参数发生变化时，都需要重新解方程，非常不便。

根轨迹法利用反馈控制系统的开环、闭环传递函数之间的关系，根据一些准则，直接由开环传递函数的零、极点求出闭环极点（闭环特征根）随系统中某些参数变化而变化的轨迹。由于绕过了高阶代数方程的求解问题，这种方法给系统的分析和设计带来了极大的方便，一经提出便在工程上得到了广泛应用。

所谓根轨迹是指系统开环传递函数中某个参数（如开环增益）从零变化到正无穷时，闭环特征根在复平面上移动的轨迹。当变化的参数为开环增益时，所对应的根轨迹称为常规根轨迹。

第三节 电气控制线路的设计

一、电气控制线路图的绘制

（一）电气原理图

为了便于阅读和分析线路，电气原理图是遵循简明、清晰、易懂的原则，根据电气控制线路的工作原理来绘制的，反映各电气控制线路的工作原理以及各电气元件的作用和相互关系。

电气原理图的最下方用数字给图区编号，最上方说明编号对应图区的电路或元件功能。在接触器的线圈下方，标出每一个主触头、辅助常开触头、辅助常闭触头所在的图区编号，中间用竖线隔开，未用的触头用"X"表示。

电气原理图由三部分组成，内容包括：

（1）主电路。主电路是指电气控制线路中有强电流通过的部分，主要包括电动机以及与它相连接的电气元件（如组合开关、热继电器的热元件、接触器的主触头、熔断器等）所组成的线路图。

（2）控制电路。控制电路是指由按钮、接触器、继电器的吸引线圈和辅助触头以及热继电器的触头所构成的电路，它对主电路起着关键的控制作用。因为控制电路中通过的电流是弱电流，所以控制电路中都是弱电电器。

（3）辅助电路。照明电路、信号电路及保护电路都属于辅助电路。辅助电路中通过的电流同样是弱电流，所以也由弱电电器构成。电磁离合器控制电路、速度继电器电路、电磁吸盘的整流电路等附属电路也属于辅助电路。

总之，电气原理图可以清楚地表明电路的功能，对分析电路的工作原理十分有用。

（二）电气元件布置图

电气元件布置图主要用来表明电气设备上所有电机、电器的实际位置，是机械电气控制设备制造、安装和维修必不可少的技术文件。

布置图根据设备的复杂程度，或集中绘制在同一张图上，或将控制柜与操作台的电气元件布置图分别绘制。

绘制布置图时，机械设备轮廓用双点画线画出，所有可见的和需要表达清楚的电气元件及设备，用粗实线绘制出其简单的外形轮廓。电气元件及设备代号必须与有关电路图和清单上的代号一致。

(三) 电气设备安装接线图

各电气元件的安装位置是由机床的结构和工作要求决定的，为便于安装接线、检查线路和排除故障，需要根据预先绘制的电气设备安装接线图进行操作。电气设备安装接线图反映各种电气设备在机械设备和电气控制柜的实际安装位置及实际接线情况。如电动机要和被拖动的机械部件连在一起，操作元件应放在操作方便的地方，行程开关应放在要取得信号的地方，一般电气元件应放在控制柜内。

电气设备安装接线图，在绘制时不得违反安装规程，应注意的内容包括：

(1) 接线图中各电气元件的图形符号及文字代号必须与原理图完全一致，并符合国家标准。

(2) 各电气元件凡是需要接线的部件端子都应绘出，并且一定要标注端子编号。各接线端子的编号必须与原理图上相应的线号一致，同一根导线上连接的所有端子的编号应相同。

(3) 安装底板 (或控制箱、控制柜) 内外的电气元件之间的连线，应通过接线端子板进行连接。

(4) 走向相同的相邻导线可以绘成一股线。绘制好的接线图应对照原理图仔细核对，防止错画、漏画，避免给制作线路和试车过程造成麻烦。

二、电气控制线路的设计方法

(一) 经验设计方法

经验设计方法就是人们在生产实际中总结提炼形成的，具有一定特殊控制功能的设计方法。它是构成电气控制技术重要的控制环节。经验设计方法的特点是无固定的设计程序，设计方法简单，容易为初学者所掌握，对具有一定工作经验的电气人员来说，也能较快地完成设计任务，因此在电气设计中被普遍采用。

1. 立式车床横梁升降电气控制的经验设计方法应用

下面以 C534J1 立式车床横梁升降电气控制原理线路的设计实例，进一步说明经验设计方法的设计过程。

（1）经验设计方法的电力拖动方式与控制要求。为了适应不同高度工件加工时对刀的需要，要求安装有左、右立刀架的横梁能通过丝杠传动快速做上升下降的调整运动。丝杠的正反转由一台三相交流异步电动机拖动。

为了保证零件的加工精度，当横梁移动到需要的高度后应立即通过夹紧机构将横梁夹紧在立柱上。每次移动前要放松夹紧装置，因此设置另一台三相交流异步电动机拖动夹紧放松机构，以实现横梁移动前的放松和到位后的夹紧动作。在夹紧、放松机构中设置两个行程开关，分别检测已放松与已夹紧信号。

横梁升降控制要求包括：

① 采用短时工作的点动控制。

② 横梁上升控制动作过程：按上升按钮→横梁放松（夹紧电动机反转），压下放松位置开关→停止放松→横梁自动上升（升／降电动机正转），到位放开上升按钮→横梁停止上升→横梁自动夹紧（夹紧电动机正转）→已放松位置开关松开，已夹紧位置开关压下，达到一定夹紧紧度→上升过程结束。

③ 横梁下降控制动作过程：按下降按钮→横梁放松→压下已放松位置开关→停止放松，横梁自动下降→到位放开下降按钮→横梁停止下降并自动短时回升（升／降电动机短时正转）→横梁自动夹紧→已放松位置开关松开，已夹紧位置开关压下并夹紧至一定紧度，下降过程结束。

下降与上升控制的区别在于到位后多了一个自动的短时回升动作，其目的在于消除移动螺母上端面与丝杠的间隙，以防止加工过程中横梁倾斜造成误差，而上升过程中移动螺母上端面与丝杠之间不存在间隙。

④ 横梁升降动作应设置上、下极限位置保护。

（2）经验设计方法的设计过程。

① 根据拖动的要求设计主电路。电路草图中须有升、降电动机。

② 设计控制电路草图。如果暂不考虑横梁下降控制的短时回升，则上

升与下降控制过程完全相同。

③ 总体校核设计线路。控制线路设计完毕后，必须经过总体校核，因为经验设计往往会考虑不周而存在不合理之处或有进一步简化的可能。主要检测内容包括：a. 是否满足拖动要求与控制要求；b. 触点使用是否超出允许范围；c. 电路工作是否安全可靠；d. 联锁保护是否考虑周到；e. 是否有进一步简化的可能性等。

2. 液压传动程序电气控制的经验设计方法应用

在液压系统中，由于液动的工作压力很大，电控回路的主控元件通常都是一些普通电磁换向阀。执行元件的动作步骤过多会导致普通电磁换向阀的受电时间过长，给串级法设计带来了很多不便，所以在设计液动程序电控系统的电气控制回路时，经验法通常也是一种行之有效的方法。下面对经验法设计中遇到的具体问题和可优化设计的具体方法进行讨论。

(1) 采用干扰隔离法，处理因信号复现形成的干扰。在经验法设计中，为了便于观察和处理在不同的步序线上有无各发信元件发出的控制信号完全相同的现象，通常可将各发信元件在各步序线上的工作状态用数字标注出来，有控制信号 (也即处于发信状态) 为 1，无控制信号为 0，并称为"步序线控制信号总图"。

引入隔离继电器。隔离继电器除了可隔离干扰信号外，在系统中常用来代替发信元件，作为其他动作步骤的控制信号 (启动或关断信号)。

(2) 利用经验控制方式，满足主控线圈的得电需求。

① 当启动信号比主控线圈的得电需求时间短，通常有两种控制方式。

第一，当有一控制信号发生在主控线圈得电需求的关断时序线上，则可以该控制信号的动断 (常闭) 触点作为关断触点，组成继电器自保持电路。

第二，当有一控制信号发生在启动信号动作之前，结束在主控线圈得电需求的关断时序线上时，则可以该控制信号的动合 (常开) 触点作为关断触点，组成变异的继电器自保持电路。

② 当启动信号与主控线圈的得电需求时间相同 (主控线圈的得电需求是启动信号的全集) 时，则可采用门电路。

③ 当启动信号比主控线圈的得电需求时间长，通常会有三种控制方式。

第一，当有一控制信号发生在主控线圈得电需求的关断时序线上，且该控制信号的延长时间能覆盖启动信号长于主控线圈得电需求的多余部分时，可用该控制信号的动断（常闭）触点与启动信号组成变异的与门电路。

第二，当控制信号不能覆盖启动信号长于主控线圈得电需求的多余部分时，则需要引入一关断继电器自保持电路。该短控制信号可作为关断继电器的启动信号，在得电需求启动信号结束后的位置找关断继电器的关断信号，用关断继电器的动断（常闭）触点。

第三，当有一控制信号发生在启动信号动作之前，结束在主控线圈得电需求的关断时序线上（主控线圈的得电需求是启动信号与关断信号的交集）时，可用该控制信号的动合（常开）触点与启动信号组成与门电路。

设计液动程序电控回路时，对由多执行元件组成的液压系统来说，在长期的生产实践过程中，采用干扰隔离法处理因信号复现形成的干扰问题是完全可行和可靠的，采用经验法择优处理主控线圈得电需求的控制问题不仅比较方便，也是行之有效的。

(二) 逻辑设计方法

逻辑设计方法的运用能获得理想、经济的方案，所用元件数量少，各元件能充分发挥作用，当给定条件变化时，能指出电路相应变化的内在规律，在设计复杂控制线路时，更能显示出它的优点。

逻辑电路的类型如下。

（1）执行元件的输出状态，只与同一时刻控制元件的状态相关。输入、输出呈单方向关系，即输出量对输入量无影响。这种电路称为"组合逻辑电路"，其设计方法比较简单，可以作为经验设计方法的辅助和补充，用于简单控制电路的设计，或对某些局部电路进行简化，进一步节省并合理使用电气元件与触点。

（2）输出量通过反馈作用，对输入状态产生影响。这种逻辑电路设计要设置中间记忆元件（如中间继电器等），记忆输入信号的变化，以达到各程序两两区分的目的。其设计过程比较复杂，基本步骤如下。

① 根据拖动要求，先设计主电路，明确各电动机及执行元件的控制要求，并选择产生控制信号的主令元件和检测元件。

② 根据工艺要求作出工作循环图，并列出主令元件、检测元件以及执

行元件的状态表，写出各状态的特征码(一个以二进制数表示一组状态的代码)。

③ 为区分所有状态(重复特征码)而增设必要的中间记忆元件(中间继电器)。

④ 根据已区分的各种状态的特征码，写出各执行元件(输出)与中间继电器、主令元件及检测元件(逻辑变量)之间的逻辑关系式。

⑤ 化简逻辑式，据此绘制出相应控制线路。

⑥ 检查并完善设计线路。

这种方法设计难度较大，整个设计过程较复杂，还要涉及一些新概念，因此，在一般常规设计中，很少单独采用。

三、电气控制线路的基本规律

(一)点动与连续运转的控制

生产机械的运转状态有连续运转与短时间断运转，所以对其拖动电动机的控制也有点动与连续运转两种控制电路。

(二)顺序控制

在生产实际中，有些设备往往要求其上的多台电动机按一定顺序实现启动和停止，如磨床上的电动机就要求先启动液压泵电动机，再启动主轴电动机。顺序启、停控制电路有顺序启动、同时停止控制电路和顺序启动、顺序停止的控制电路。

(三)多地联锁控制

多地联锁控制是用多组起动按钮、停止按钮来进行的。在一些大型生产机械和设备上，操作人员需要在不同方位进行操作与控制，即实现多地控制。

按钮连接的原则包括：

① 启动按钮常开触头并联；

② 停止按钮常闭触头串联。

（四）自锁与互锁的控制

电气的联锁控制，即自锁与互锁的控制，在电气控制电路中应用十分广泛。三相异步电动机正反转控制电路，由两个单向旋转控制电路组合而成。主电路由正、反转接触器的主触头来实现电动机三相电源任意两相的换相，从而实现电动机正反转。

电气互锁是指利用正、反转接触器常闭辅助触头做互锁的，这种电路要实现电动机由正转到反转，或由反转变正转，都必须先按下停止按钮，然后才可进行反向启动，这种电路称为正—停—反电路。

（五）自动往复循环控制

在生产中，某些机床的工作台需要进行自动往复运行，而自动往复运行通常是用来实现生产机械的自动往复运动的。

第二章　电气自动化控制系统

第一节　电气自动化控制系统基本内容

一、概述

电气自动化是一门研究与电气工程相关的科学，我国的电气自动化控制系统经历了几十年的发展，分布式控制系统相比于早期的集中式控制系统具有可靠、实时、可扩充的特点，集成化的控制系统则更多地利用了新科学技术，功能更为完备。电气自动化控制系统的功能主要有：控制和操作发电机组，实现对电源系统的监控，对高压变压器、高低压厂用电源、励磁系统等进行操控。电气自动化控制技术系统可以分为三大类：定值、随动、程序控制系统。电气自动化控制系统对信息采集具有快速准确的要求，同时对设备的自动保护装置的可靠性以及抗干扰性要求很高。电气自动化具有优化供电设计、提高设备运行与利用率、促进电力资源合理利用的优点。

电气自动化控制技术是由网络通信技术、计算机技术以及电子技术高度集成，所以该项技术的技术覆盖面相对较广，同时也对其核心技术——电子技术有着很大的依赖性，只有基于多种先进技术才能使其形成功能丰富、运行稳定的电气自动化控制系统，并将电气自动化控制系统与工业生产工艺设备结合来实现生产自动化。电气自动化控制技术在应用中具有更高的精确性，并且其具有信号传输快、反应速度快等特点。如果电气自动化控制系统在运行阶段的控制对象较少且设备配合度高，则整个工业生产工艺的自动化程度便相对较高，这也意味着该种工艺下的产品质量可以提升至一个新的水平。现阶段基于互联网技术和电子计算机技术而成的电气自动化控制系统，可以实现对工业自动化产线的远程监控，通过中心控制室来实现对每一条自动化生产线运行状态的监控，并且根据工业生产要求随时对其生产参数进行调整。

电气自动化控制技术是由多种技术共同组成的，其主要以计算机技术、网络通信技术和电子技术为基础，并将这三种技术高度集于一身，所以，电气自动化控制技术需要很多技术的支持，尤其是对这三种主要技术有着很强的依赖性。电气自动化技术充分结合各项技术的优势，使电气自动化控制系统具有更多功能，更好地服务于社会大众。应用多领域的科学技术研发出的电气自动化控制系统，可以和很多设备产生联系，从而控制这些设备的工作过程，在实际应用中，电气自动化控制技术反应迅速，而且控制精度强。电气自动化控制系统在只需要负责控制相对较少的设备与仪器时，这个生产链便具有较高的自动化程度，而且生产出的产品，其质量也会有所提高。在新时期，电气自动化控制技术充分利用了计算机技术以及互联网技术的优势，可以对整个工业生产工艺的流程进行监控，按照实际生产需要及时调整生产。

二、电气自动化控制技术发展的意义

目前，随着我国人民生活水平的不断提高，人们越来越重视电气自动化控制系统的应用。电气自动化控制技术具有很多优点，比如智能化、节约化、信息化等。电气自动化技术给人们的生活和工作带来了极大的便利，对社会经济的不断发展发挥着非常重要的作用。时代在进步，社会在发展，因此，为了跟上市场发展的需求，我国政府应该加大对电气自动化控制系统的投入力度，使电气自动化控制系统功能变得更加强大，保证电气自动化控制系统朝着开放化、智能化方向发展。

(一) 电气自动化控制系统的发展历程

英国钢铁协会建立了电气设备弹跳方程和设备刚度的概念，将机器运行理论从单纯以经典力学知识为基础研究其变形规律转化为力学和自动控制理论相结合的统一研究，并建立了电气自动化控制系统的数学模型，使电气自动化控制研究从人工手动调节和电机压下阶段进入了自动控制阶段，实现了电气自动化控制史的一次重大突破。该自动控制系统的推广，使制作出的产品在几何精度上有了较大的提高，并在一段时间内被广泛使用。而后随着计算机技术的飞速发展以及广泛应用，计算机技术应用于电气自动化控制中，再一次实现了自动化水平的飞跃，从此进入了计算机控制阶段。如今

AGC 在电气自动化生产中已相当成熟。如基于模型参考自适应 Smith 预估器的反馈式 AGC 智能控制系统，该方法很好地将电气设备波动现象消除了，从而提升了响应速度。还有学者将传统的 PI 控制与嵌入式重复控制结合所提出的新型复合控制方案，也在电气自动化领域取得了很好的效果。

随着电气自动化控制系统的日臻完善以及板厚精度的不断提高，人工智能控制作为电气自动化控制的另一重要方面，面临着巨大的挑战。以工业轧机为例，学者们以 M.D.Stone 的理论为基础，不断研究弹性基础理论及轧机液压弯轮技术，建立了板形自动控制系统，板形控制技术迅速发展起来。日本研制出的 HC 轧机以其优异的控制能力，广泛应用于冷轧领域中。同时，板形控制的研究还依赖于板形测量手段，这就需要先进的板形测量仪，目前我国自主研发的板形测量仪已经达到了国际领先水平。近年来，也有众多学者对板形控制进行了深入研究。如张秀玲等人提出的板形模式识别的GA-BP 模型和改进的最小二乘法，便很好地将遗传算法的优点和神经网络结合，克服了传统的最小二乘法的缺点。刘宏民等人提出了板形曲线的理论计算方法，实验结果表明该方法在消除板凸度方面有很好的效果。再加上模糊控制的引入，在模糊控制理论的基础上进行板形控制的建模，这使得板形控制不再局限于对称板形，对非对称板形也能进行控制。

M. Tarokh 等人将 AGC 和 AFC 结合，提出电气工程智能控制系统后，国内外诸多学者对此进行了大量研究。由于此智能控制研究涉及的理论知识繁多，难以建立精确模型，同时还需要一定的工艺知识以及如何运用到生产设备中，这使得到目前为止还未达到理想的控制精度。但随着研究的深入，科技的发展，越来越多的理论运用到其中，这让智能制造技术在电气自动化控制领域也取得不错的成绩。如借助 PSO 的小波神经网络解耦 PID 控制技术，使用小波神经网络解耦，然后 PSO 优化 PID 控制器参数，该方法具有良好的抗干扰能力。如今，随着现代控制理论和智能控制理论的发展，将两者结合运用到电气自动化控制系统中已经成为主流趋势，并且在不断完善。

如今，电气自动化控制技术的发展前景十分明确，电气自动化控制技术已经成为企业生产的主要部分。除此之外，电气自动化控制技术还是现代电气自动化企业科学的核心技术，是企业现代化的物质基石，是企业现代化的重要标志，许多工厂、企业将生产产品需人工完成的或因环境危险工人无法完成的部分用机器替代，工业的电气自动化控制技术节约了成本和时间，从一定程度上提高了工作效率。它把人从繁重的体力劳动中解脱出来，并转变为了对机器的控制技术，完成了人工无法完成的工作，当前许多学校为了顺应时代潮流开设了电气自动化控制技术专业。电气自动化控制技术是电气信息领域的一门新兴学科，更重要的是它和人们的日常生活以及工业生产密切相关。它的发展如今非常迅速，当前相对比较成熟，已经成为高新技术产业的重要组成部分。电气自动化控制技术广泛应用于工业、农业、国防等领域。电气自动化控制技术的发展在国民经济中已经发挥着越来越重要的作用。可以说，电气自动化控制技术的发展是提升城市品位和城市居民生存质量的重要因素，是人民日益增长的物质需求造成的，是社会发展的必然产物。

随着我国市场经济的进一步成熟，电气化技术方面的竞争也越来越激烈。我国电气化控制技术研发机构必须结合自身的实际情况，发挥出自身的优势，在行业当中抢占重要的位置。电气自动化技术能够最大限度地降低人工劳动的强度，提高检测的精准度，增强传输信息的实时性、有效性，保证生产活动的正常开展；同时，减少了发生安全事故的可能，确保设备能够正常地运行。

（1）电气自动化工程 DCS（Distributed Control System）系统。DCS，即分布式控制系统，是相对于集中系统而言的一种新兴的计算机控制系统。但随着 DCS 的运用，人们也越来越感受到分布式控制系统所存在的缺点。比如，受 DCS 系统模拟混合体系限制，仍然采用的是模拟的传统型仪表，大大地降低了系统的可靠性能，维修起来也显得比较困难；分布式控制系统的生产厂家之间缺乏一种统一的标准，降低了维修的互换性；此外，就是价格非常昂贵。因此，在现代科技革命之下，必须进行技术上的创新。

（2）电气自动化控制系统的标准语言规范是 Windows NT 和 IE。在电气自动化的发展领域，发展的主要流向已经衍变为人机的界面。PC 系统控制的灵活性质以及容易集成的特性，使其正在被越来越多的用户接受和使用；同时，电气自动化控制系统使用的标准系统语言，使其更加容易进行维护处理。

（二）电气自动化控制系统的发展趋势

随着经济社会的发展、信息技术的进步以及网络技术的进一步发展，计算机在未来电气工程发展中的作用日益突出。Internet技术、以太网以及服务器体系结构等引发了电气自动化的一场场革命。市场需求的不断增大使得自动化与IT平台不断融合，电子商务也不断普及，这又促使这一融合不断加快。在当前信息时代，多媒体技术以及Internet技术在自动化领域中具有非常广泛的应用前景。电气企业的管理人员可以通过标准化的浏览器来存取企业中重要的管理数据，而且可监控生产过程中的动态画面，从而及时地了解准确而全面的生产信息。除此之外，视频处理技术以及虚拟现实技术的应用对将来的电气自动化产品，比如说设备维护系统以及人机界面的设计产生非常重要的影响。这就使得相应的通信能力、软件结构以及组态环境的重要性日益突出，电气自动化控制系统中软件的重要性也逐渐提高。电气自动化控制系统将从过去单一的设备逐渐朝着集成的系统方向转变。

1. 注重开放化发展

在电气自动化控制系统研究中，相关研究人员应该注重开放化发展。目前，随着我国计算机技术水平的不断发展，相关研究人员都把电气自动化与计算机技术有效地结合在一起，促进了计算机软件的不断开发，使得电气自动化控制技术朝着集成化方向发展。与此同时，随着我国企业的运营管理，自动化的不断发展，ERP（Enterprise Resource Planning）系统集成管理理念引起了广泛的关注。ERP系统集成管理主要指的就是把所有的控制系统和电气控制系统互相连接起来，从而实现对系统信息数据的有效收集和整理。另外，电气自动化控制系统还有很多的优点，不仅能够实现信息资源的共享性，还能提高企业的工作效率，这在一定程度上体现了电气自动化控制的全面开放化发展。以太网技术也给电气自动化控制系统带来了很大的改变，使电气自动化控制系统在多媒体技术和网络的共同参与下拥有了更多的控制方式。

2. 加快智能化发展

电气自动化控制系统的广泛应用，给人们的生活和工作带来了很大的便利。目前，随着以太网传输速率的提高，电气自动化控制系统面临着更大的挑战和机遇。因此，为了保证电气自动化控制系统的可持续发展，相关研究人员应该重视电气自动化控制系统的研究，加快智能化发展，从而满足目前市场的发展需求。与此同时，现在很多 PLC（Programmable Logic Controller）生产厂家都在研究和开发故障检测智能模块，这在一定程度上降低了设备故障发生的概率，提高了系统的可靠性和安全性。总之，很多自动化控制厂商也都认识到了自动化控制技术的重要性，从而促进了电气自动化控制向着智能化的方向发展，为我国社会经济的不断发展奠定了坚实的基础。

3. 加强安全化发展

对于电气自动化控制系统来说，安全控制是其中应该重点研究的方向。为了保证电气用户能够在安全的情况下进行产品生产，相关的研究人员应该重点加强安全与非安全系统控制的一体化集成，尽量减少成本，从而保证电气自动化控制系统的安全运行。除此之外，从目前我国电气自动化控制系统的发展现状来看，系统安全已经逐步从安全级别需求最大的领域向其他危险级别较低的领域转变，同时，相关技术研究人员也应该重视电气自动化控制系统的网络设施发展，提高网络技术水平，从而保证网络的安全性和稳定性。

4. 实现通用化发展

目前，电气自动化控制系统也正在朝着通用化的方向发展。为了真正实现自动化系统的通用化，应该对自动化产品进行科学的设计、适当的调试，并不断提高对电气自动化产品的日常维护水平，从而满足客户的需求。除此之外，目前很多电气自动化控制系统普遍在使用标准化的接口，这样做的目的是保证办公室和自动化系统资源数据的共享，摒弃以往电气接口的独立性，实现通用化，从而为用户带来更大的便利。

OPC（OLE for Process Control）技术的出现，以及 Windows 平台的广泛应用，使得在未来电气技术中，计算机日益发挥着不可替代的作用。巾场的需求驱动着自动化和 IT 平台的融合，电子商务的普及将加速这一过程。电气自动化控制系统的高度智能化和集成化，决定了研发制造人员技术专业性要强；同时，也对电气自动化控制系统相关岗位的操作人员有专业性的要求。对岗位的操作人员培训尤其需要加强。对于电气自动化控制系统这一现代化技术装备，在安装的过程中就应该安排岗位人员进行培训，让他们在安装过程中熟悉整个系统的安装流程，加深技术人员对于自动化系统的认知。特别是对于从未接触过这一新设备、新技术的企业和人员，显得更为重要。企业应该注重提升员工的操作水平，让员工必须掌握操作系统硬件、软件的相关实际技术要点和保养维修知识，避免人为降低系统工程的安全与可靠性。

三、电气自动化控制系统架构

(一) 系统组成

电气自动化控制系统通常由以下几个主要部分构成：

(1) 传感器和执行器。传感器用于检测工业过程中的各种参数，如温度、压力、流量等，并将这些参数转换为电信号。执行器用于根据控制信号执行相应的动作，如开关、调节阀等。

(2) 控制器。控制器是系统的核心部分，负责处理传感器采集到的数据，并根据预设的控制算法生成控制信号。常见的控制器有 PLC (可编程逻辑控制器)、DCS (分布式控制系统) 和 SCADA (监控与数据采集系统) 等。

(3) 通信网络。通信网络用于连接传感器、执行器和控制器，实现数据的传输和控制指令的下发。常见的通信网络有以太网、现场总线等。

(4) 人机界面。人机界面是提供给操作人员与系统进行交互的界面，通常采用触摸屏、监视器和键盘等设备。操作人员可以通过人机界面监视工业过程的状态、进行参数设置和操作控制。

(二) 系统架构

电气控制系统自动化设计的系统架构可以分为三层：

第一层：传感器层，负责采集各种参数和信号。

第二层：控制层，包括控制器和执行器，负责控制生产设备的运行状态。

第三层：人机界面层，提供操作员与系统交互的界面。

四、电气自动化控制技术系统工作的原则

电气自动化控制系统在工作过程中，不是连接单一设备，而是多个设备相互连接同时运行，并对整个运行过程进行系统性调控，同时，需要应用生产功能较完整的设备进行生产活动控制，并设置相关的控制程序，对设备的运行数据进行显示和分析，从而全面掌握系统的运行状态。电气自动化控制系统需要遵循的工作原则主要包括以下几点：

（1）具备较强抗干扰能力。由于是多种设备相互连接同时运行，不同设备之间会产生干扰，电气自动化控制系统要通过智能分析使设备提高排除异己参数的抗干扰能力。

（2）遵循一定的输入和输出原则。结合工程的实际应用的特点及工作设备型号，技术人员需调整好相关的输入与输出设置，并根据输入数据对输出数据进行转化，通过工作自检避免响应缓慢问题，并对设定的程序进行漏洞修补，从而实现定时、定量的输入和输出。

五、电气自动化控制系统的监控方式

电气自动化控制系统的监控方式主要包括集中监控方式、远程监控方式以及现场总线监控方式等，具体如下：

（1）集中监控方式。集中监控方式的特点是便于在运行时进行维护，在系统的设计上也比较容易，对控制站的防护要求不高。还有在处理的时候需要将各个系统具有的功能集中到一起，因此处理的任务比较繁重，从而影响处理的速度。除此之外，要对所有的电气设备进行监控，从而大大增加了监控对象，降低了主机的冗余，增加了电脑速率，以及加大了成本的投入，还有就是引入长距离的电缆也会对系统的可靠性造成影响。同时，采用硬接线对隔离刀闸进行闭锁以及断路器的联锁，不到位的隔离刀闸的辅助接点导致无法对设备进行操作，而且这种接线方法在二次接线时比较复杂，在查线的时候也比较麻烦，从而使维护时的工作量增加，甚至有可能在查线的过程中出现错误操作。

（2）远程监控方式。远程监控的优点是可以节约材料，并且具有较高的可靠性、灵活的组态以及能够节省安装费用等。但是在现场使用的总线具有

的通信速度比较低，对一些通信量比较大的部分则不适合，因此远程监控通常只是在小系统中应用，不适用于构建一些大范围的电气自动化系统。

（3）现场总线监控方式。目前电气设备智能化得到了快速的发展，使用现场总线监控对系统的设计具有更强的针对性，设计不同的功能可以针对不同的间隔，从而实现对实际间隔进行设计的目的，还具有远程监控的优点。现场总线监控方式还可以减少使用隔离设备、端子柜、I/O 卡件以及模拟量变送器等，而且在安装设备的时候可以就地安装，与监控设备进行连接的时候采用的是通信线，这样控制电缆的使用减少，从而使运行成本以及维护过程中工作量都大大减少。还有就是各装置通过网络进行连接，各装置之间的功能相对比较独立，从而增加了网络组态的灵活性，大大提高了整个系统的可靠性，当出现故障时不会对整个系统造成影响，只是对相应的原件造成影响。因此，在未来的电气自动化发展中，现场总线监控方式将会是发展方向。

六、电气自动化控制技术系统的应用价值

随着科技的进步和工业的发展，电气自动化生产水平也得到提高，因此，加强系统的自动化控制尤其重要。电气自动化控制系统可以实现过程的自动化操控及机械设备的自动控制，从而降低人工操作难度，进一步提高工作效率，其应用价值主要体现在以下几点：

（一）自动控制

电气自动化控制系统的一个主要应用功能就是自动控制，例如，在工业生产中的应用，只需要输入相关的控制参数就可以实现对生产机械设备的自动控制，以缓解劳动压力。电气自动化控制系统还可以实现运行线路电源的自动切断，还可以根据生产和制造需要设置运行时间，实现开关的自动控制，避免人工操作出现的各种失误，极大地提高生产效率和质量。

（二）保护作用

在工业生产的实际操作中，会有各种复杂的影响因素，例如生产环境复杂、设备多样化、供电线路连接不规范等，极易造成设备和电路故障。传

统的人工监测和检修难以全面掌控设备的运行状态，导致各种安全隐患问题。应用电气自动化控制系统，在设备出现运行故障或线路不稳定时，可以实现安全切断，终止运行程序，避免了安全事故和经济损失，保障电气设备的安全运行。

（三）监控功能

监控功能是电气自动化控制系统应用价值的重要体现。在计算机控制技术和信息技术的支持下，技术人员可以应用报警系统和信号系统，对系统的运行电压、电流、功率进行限定设置，当超出规定参数时，可以通过报警装置和信号指示对整个系统进行实时监控。此外，电气自动化控制系统还可以实现远程监控，将各系统的控制计算机进行有效连接，通过识别电磁波信号，在远程电子显示器中监控相关设备的运行状态，从而实现数据的实时监测和控制。

（四）测量功能

传统的数据测量主要是工作人员通过感官进行判断，例如眼睛看、耳朵听，从而了解各项工作的相关数据。电气自动化控制系统具有对自身电气设备电压、电流等参数进行测量的功能，在应用过程中，可以对线路和设备的各种参数进行自动测量，还可以对各项测量数据进行记录和统计，为后期的各项工作提供可靠的数据参考，方便工作人员的管理。

第二节　电气自动化控制系统的特点

一、电气自动化控制系统的优点

说起电气自动化控制技术，不得不承认现如今经济的快速发展是和工业电气自动化控制技术有关的。电气自动化控制技术可以完成许多人工无法完成的工作，比如一些工作是需要在特殊环境下完成的，辐射、红外线、冷冻室等这些环境都是十分恶劣的，长期在恶劣的环境下工作会对人体健康产生影响，但许多环节又是必须完成的，这时候机器自动化的应用就显得尤为重要。所以工业电气自动化的应用可以给企业带来许多便利，它可以提高工作效率，减少人为因素造成的损失，工业自动化为工业带来的便利不容小觑。

据相关调查研究发现，一个完整的变电站综合自动化系统除了在各个控制保护单元中存有紧急手动操作跳闸以及合闸的措施之外，别的单元所有的报警、测量、监视以及控制功能等都可以由计算机监控系统来进行。变电站不需要另外设置一些远动设备，计算机监控系统可以实现遥控、遥测、遥调以及遥信等功能与无人值班。就电气自动化控制系统的设计角度而言，电气自动化控制系统具有许多优点，比如说：

（1）集中式设计：电气自动化控制系统引用集中式立柜与模块化结构，使得各控制保护功能都可以集中于专门的控制与采集保护柜中，全部的报警、测量、保护以及控制等信号都在保护柜中予以处理，将其处理为数据信号之后再通过光纤总线输送到主控室中的监控计算机。

（2）分布式设计：电气自动化控制系统主要应用分布式开放结构以及模块化方式，使得所有的控制保护功能都分布于开关柜中或者尽可能接近于控制保护柜之上的控制保护单元，全部报警、测量、保护以及控制等信号都在本地单元中予以处理，将其处理为数据信号之后通过光纤的总线输送到主控室的监控计算机中，各个就地单元之间互相独立。

（3）简单可靠：在电气自动化控制系统中用多功能继电器来代替传统的继电器，能够使得二次接线有效简化。分布式设计主要是在主控室和开关柜间接线，而集中式设计的接线也局限在主控室和开关柜间，因为这两种方式都在开关柜中接线，施工较为简单，别的接线能够在开关柜与采集保护柜中完成，操作较为简单且可靠。

（4）具有可扩展性：电气自动化控制系统的设计可以对电力用户未来对电力要求的提高、变电站规模以及变电站功能扩充等进行考虑，具有较强的可扩展性。

（5）兼容性较好：电气自动化控制系统主要是由标准化的软件以及硬件构成，而且配备有标准的就地I/O接口与穿行通信接口，电力用户能够根据自己的具体需求灵活配置，而且系统中的各种软件也非常容易与当前计算机的快速发展相适应。

　　当然，电气自动化控制技术的快速发展与它自身的特点是密切相关的，例如每个自动化控制系统都有其特定的控制系统数据信息，通过软件程序连接每一个应用设备，对于不同设备有不同的地址代码，一个操作指令对应一个设备，当发出操作指令时，操作指令会即刻到达所对应设备的地址，这种指令传达得快速且准确，既保证了即时性，又保证了精确性。与人工操作相比，这种操作模式发生操作错误的概率会更低，自动化控制技术的应用保证了生产操作快速高效地完成。除此之外，相对于热机设备来说，电气自动化控制技术的控制对象少、信息量小，操作频率相对较低，且快速、高效、准确。同时，为了保护电气自动化控制系统，使其更稳定，数据更精确，系统中连带的电气设备均有自动保护装置，这种装置对于一般的干扰均可降低或消除，且反应能力迅速，电气自动化系统的大多设备有连锁保护装置，这一系列的措施满足有效控制的要求。

二、电气自动化控制系统的功能

　　电气自动化控制系统具有非常多的功能，基于电气控制技术的特点，电气自动化控制系统要实现对发电机—变压器组等电气系统断路器的有效控制，电气自动化控制系统必须具有以下基本功能：发电机—变压器组出口隔离开关及断路器的有效控制和操作，发电机—变压器组、励磁变压器、高变保护控制，发电机励磁系统励磁操作、灭磁操作、增减磁操作、稳定器投退、控制方式切换，开关自动、手动同期并网，高压电源监测和操作及切换装置的监视、启动、投退等，低压电源监视和操作及自动装置控制，高压变压器控制及操作，发电机组控制及操作，等等。

　　电气自动化控制系统中的控制回路主要是确保主回路线路运行的安全性与稳定性。控制回路设备的功能主要包括：

　　（1）自动控制功能：就电气自动化控制系统而言，在设备出现问题的时候，需要通过开关及时切断电路从而有效避免安全事故的发生，因此，具备自动控制功能的电气操作设备是电气自动化控制系统的必要设备。

　　（2）监视功能：在电气自动化控制系统中，自变量电势是最重要的，其通过肉眼是无法看到的。机器设备断电与否，一般从外表是不能分辨出来的，这就必须要借助传感器的各项功能，对各项视听信号予以监控，从而实时监控整个系统的各种变化。

（3）保护功能：在运行过程中，电气设备经常会发生一些难以预料的故障问题，功率、电压以及电流等会超出线路及设备所许可的工作限度与范围，因此，这就要求具备一套可以对这些故障信号进行监测并且对线路与设备予以自动处理的保护设备，而电气自动化控制系统中的控制回路设备就具备这一功能。

（4）测量功能：视听信号只可以对系统中各设备的工作状态予以定性的表示，而电气设备的具体工作状况还需要通过专业设备对线路的各参数进行测量才能够得出。

电气自动化控制系统具有如此多的功能，给社会带来了许多的便利，电气自动化控制技术带来了社会的发展和现代化生产效率的极大提高，因此，积极探讨与不断深入研究当前国家工业电气自动化的进一步发展和战略目标的长远规划有着十分深远的现实意义。

第三节　电气自动化控制系统的设计

一、电气自动化控制系统的设计要求

现代生产设备是机械制造、电气控制、生产工艺等专业人员共同创造的产物，只有统筹兼顾制造、控制、工艺三者的关系才能使整机的技术经济指标达到先进水平。电控系统是现代生产设备的重要组成部分，其主要任务是为生产设备协调运转服务，生产设备电气控制系统并不是功能越强、技术越先进越好，而是以满足设备的功能要求以及设备的调试、操作是否方便，运行是否可靠作为主要评价依据，因此在满足生产设备的技术要求前提下电气控制系统应力求简单可靠，尽可能采用成熟的、经过实际运行考验的仪表和元件；而新技术、新工艺、新器件的应用，往往带来生产设备功能的改进、成本的降低、效率的提高、可靠性的增强以及使用的方便，但必须进行充分的调研、必要的论证，有时还应通过试验。

（一）电控系统的设计与调试

电气控制系统设计的基本任务是根据生产设备的需要，提供电控系统在制造、安装、运行和维护过程中所需要的图样和文字资料。设计工作一般分为初步设计和技术设计两个阶段。电控系统制作完成后技术人员往往还要参加安装调试，直到全套设备投入正常生产为止。

1. 初步设计

参加设计工作的机械、电气、工艺方面的技术负责人应收集国内外同类产品的有关资料进行分析研究，对于打算在设计中采用的新技术、新器件在必要时还应进行试验以确定它们是否经济适用。在初步设计阶段，对电控系统来说，应收集下列资料：

（1）设备名称、用途、工艺流程、生产能力、技术性能以及现场环境条件（如温度、湿度、粉尘浓度、海拔、电磁场干扰及振动情况等）。

（2）供电电网种类、电压等级、电源容量、频率等。

（3）电气负载的基本情况：如电动机型号、功率、传动方式、负载特性，对电动机起动、调速、制动等要求；电热装置的功率、电压、相数、接法等。

（4）需要检测和控制的工艺参数性质、数值范围、精度要求等。

（5）对电气控制的技术要求，如手动调整和自动运行的操作方法，电气保护及连锁设置等。

（6）生产设备的电动机、电热装置、控制柜、操作台、按钮站以及检测用传感器、行程开关等元器件的安装位置。

上述资料实际上就是设计任务书或技术合同的主要内容，在此基础上，电气设计人员应拟订若干原理性方案及其预期的主要技术性能指标，估算出所需费用供用户决策。

2. 技术设计

根据用户确定采用的初步设计方案进行技术设计，主要有下列内容：

（1）给出电气控制系统的电气原理图。

（2）选择整个系统设备的仪表、电气元器件并编制明细表，详细列出名称、型号规格、主要技术参数、数量、供货厂商等。

（3）绘制电控设备的结构图、安装接线图、出线端子图和现场配线图

(表) 等。

(4) 编写技术设计说明书,介绍系统工作原理,主要技术性能指标,对安装施工、调试操作、运行维护的要求。

上面叙述的设计过程是对需要组织联合设计的大、中型生产设备而言,对已有的设备进行控制系统更新改造或小型设计项目这个过程可以适当简化。

3. 设备调试

电气控制设备在制造完成后应在出厂前进行全面的质量检查,并尽可能模拟实际工作条件进行测试,直至消除所有的缺陷之后才能运到现场进行安装。安装接线完毕之后还要在严格的生产条件下进行全面调试,保证它们能够达到预期的功能,其中检测仪表、变频器等应列为重点,PLC 的控制程序需进行验证,发现问题立即修改,直到正确无误为止。在调试过程中要做好记录,对已经更改了的电控系统设计图样和技术说明书的有关部分予以订正。设计人员参加现场调试,验证自己的设计是否符合客观实际,对积累工作经验、提高设计水平有十分重要的作用。

(二) 设计过程中应重视的几个问题

1. 制订控制系统技术方案的思路

在进行电控系统的设计时,首先要对项目进行分析,它是定值控制系统还是程序控制系统,或者两者兼而有之? 对于定值控制系统,采用简单经济的位式调节还是采用连续调节方式? 对于常见的单回路反馈控制系统,主要任务是选择合理的被控变量和操作变量,选择合适的传感器、变送器以及检测点,选用恰当的调节规律以及相应的调节器、执行器和配套的辅助装置,组成工艺上合理、技术上先进、操作方便、造价经济的控制系统。对于程序控制系统来说,通常采用继电器—接触器控制或 PLC 控制,选用规格适当的断路器、接触器、继电器等开关器件以及变频器、软启动器等电力电子产品,合理配置主令电器——按钮、转换开关及指示灯等,控制线路设计一般应有手动分步调试、系统联动运行两种方式,努力做到安装调试方便、运行安全可靠。

2.电控系统的元器件选型

电控系统的仪表、电气元件的选型直接关系到系统的控制精度、工作可靠性和制造成本，必须慎重对待，原则上应该选用功能符合要求、抗干扰能力强、环境适应性好、可靠性高的产品，国内外知名品牌很多，可选的范围很大，在已有的工程实践中经常使用、性能良好的产品应作为首选，其次为用户所熟悉或推荐的智能仪表、PLC、变频器、工控组态软件以及当地容易购置的电气产品也应在选用之列。总之，应从技术、经济等方面进行充分比较之后做出最终选择。

3.电控系统的工艺设计

电控系统要做到操作方便、运行可靠、便于维修，不仅需要有正确的原理性设计，而且需要有合理的工艺设计。电气工艺设计的主要内容如下：

（1）总体布置：电控设备的每一个元器件都有一定的安装位置，有些元器件应安装在控制柜中（如继电器、接触器、控制调节器、仪表等），有些元器件应安装在设备的相应部位上（如传感器、行程开关、接近开关等），有些元器件则要安装在操作面板上（如按钮、指示灯、显示器、指示仪表等）。一个比较复杂的电控系统需要分成若干个控制柜、操作台、接线箱，等等，因而系统所用的元器件需要划分为若干组件，在划分时应综合考虑生产流程、调试、操作、维修等因素。一般来说划分原则是：① 功能类似的元器件组合放在一起；② 尽可能减少组件之间的连线数量，接线关系密切的元器件置于同一组件中；③ 强弱电分离，尽量减少系统内部的干扰影响。

（2）电气柜内的元器件布置。同一个电器柜、箱内的元器件布置的原则是：① 重量、体积大的器件布置在控制柜下部，以降低柜体重心；② 发热元器件宜安装在控制柜上部，以避免对其他器件有不良影响；③ 经常需要调节、更换的元器件安装在便于操作的位置上；④ 外形尺寸和结构类似的元器件放在一起，便于配接线和使外观整齐；⑤ 电气元件布置不宜过密，要留有一定的间距，采用板前走线槽配线时更应如此。

（3）操作台面板。操作台面板上布置操作件和显示件，通常按下述规律布置：操作件一般布置在目视的前方，元器件按操作顺序由左向右、从上到下布置，也可按生产工艺流程布置；尽可能将高精度调节、连续调节、频繁操作的器件配置在右侧；急停按钮应选用红色蘑菇按钮并放置在不易被碰撞的位置；按钮应按其功能选用不同的颜色，既美观又易于区别；操作件和显示件通常还要附有标示牌，用简明扼要的文字或符号说明其功能。

显示器件通常布置在面板的中上部，指示灯也应按其含义选用适当的颜色。当显示器件特别是指示灯数量比较多时，可以在操作台的下方设置模拟屏，将指示灯按工艺流程或设备平面图形排布，使操作者可以通过指示灯及时掌握生产设备运行状态。

（4）组件连接与导线选择：电气柜、操作台、控制箱等部件进出线必须通过接线端子，端子规格按电流大小和端子上进出线数目选用，一般一只端子最多只能接两根导线，若将2～3根导线压入同一裸压接线端内时，可看作一根导线但应考虑其载流量。

电气柜、操作台内部配件应采用铜芯塑料绝缘导线，截面积应按其载流量大小进行选择，考虑到机械强度，控制电路通常采用 $1.5mm^2$ 以上的导线，单芯铜线不宜小于 $0.75mm^2$，多芯软铜线不宜小于 $0.5mm^2$，对于弱电线路，不得小于 $0.2mm^2$。

另外，进行柜内配线时每根导线的两端均应有标号，导线的颜色有明确的规定，例如内部布线一般用黑色；黄、绿、红色分别表示交流电路的第一、第二、第三相；棕色、蓝色分别表示直流电路的正极、负极；黄—绿双色铜芯软线是安全用的接地线（PE线），其截面积不得小于 $2.5mm^2$。

4. 技术资料收集工作

要完成一个运行可靠、经济适用的电控系统设计，必须有充分的技术资料作为基础。技术资料可以通过多种途径获得。

（1）国内外同类设备的电控系统组成和使用情况等资料。

（2）有关专业杂志、书籍、技术手册等。

（3）参观电气自动化产品展览会时可从参展的国内外著名厂商处收集产品样本、价格表等资料。

（4）专业杂志上发表的产品广告以及新产品的信息。

（5）通过电话、传真或电子邮件等手段向生产厂家或代理商咨询，索取产品的说明书、价格表等资料。

（6）从生产厂家的网页上下载需要的技术资料。

（7）本单位已完成的电控设备全套设计图样资料，包括调试记录等。

一般来说，电气控制系统的设计工作实质上是控制元器件的"集成"过程，也就是说对于市场上品种繁多、技术成熟、功能不一、价格不同的各种电控产品、检测仪表进行选择，找出最合适的若干器件组成电控系统，使它们能够相互配套、协调工作，成为一个性价比很高的系统，实现预期的目标：生产设备按期调试投产，安全高效运转，能够创造良好的经济效益。因此设计人员需要不断积累资料，总结经验，吸取一切有用的知识，既要熟悉国内外电气自动化产品的性能、价格和技术发展动态，又要了解配套设备的生产工艺和操作方法，设计出性能优良、造价合理的电控系统。

二、电气自动化控制系统设计存在的问题

（一）设备的控制水平比较低

电气自动化的设备更需要不断地完善和创新，体系的数据也会出现改动，伴随数据的变化还有新设备的使用，就需要厂商及时地导入新的数据。但是在这个过程中，因为设备控制的水平相对于来说较低，就阻止了新数据的导入。因而需不断地更新设备控制的水平。

（二）控制水平与系统设计脱节

控制水平的高低直接影响着设备的使用寿命以及运转功能，对控制水平的要求也就较高，可是当前设备控制选用一次性开发，无法统筹公司的后续需求，直接造成控制水平与出产体系规划的开展脱节，所以公司应当注重设备控制水平的进步，使其契合体系的规划需求。

三、电气自动化控制系统的作用

在企业进行工业生产时，利用电气自动化控制技术可以对生产工艺实现自动化控制。新时期的电气自动化控制技术，使用的是分布式控制系统，能在工业生产过程中，有效地进行集中控制。电气自动化控制技术还可以进行自我保护，当控制系统出现问题时，系统会自动进行检测，然后分析系统出现故障的原因，确定故障位置，并立刻中断电源，使故障设备无法继续工作。这样可以有效避免因为个别设备出现问题，而影响产品质量的情况出

现，从而降低企业个别故障设备而造成的成本损失。所以，企业利用电气自动化控制技术来进行生产时，可以提高整个生产工艺的安全性，从某种程度上降低企业的成本。而且，现在大部分企业中应用的电气自动化控制系统都可以实现远程监控，企业可以通过电气自动化控制技术来远程监控生产工艺中不同设备的运行状况。假如某个环节出现故障，控制中心就会以声光的形式来发出警告，通过电气自动化控制的远程监控功能，减少个别故障设备所造成的损失，并且当故障出现时，可以尽快被相关工作人员察觉，从而避免损失的扩大。

现在，在企业中应用的电气自动化控制系统，还可以分析生产过程中设备的工作情况，将设备的实际数据与预设数据比较。当某些设备出现异常时，电气自动化控制系统还可以对设备进行调节，提高生产线的稳定性。

四、电气自动化控制系统的设计理念

目前，电气自动化控制系统有三种监控方式，分别是现场总线监控、远程监控与集中监控。

集中监控的设计尤为简单，要求防护较低的交流措施，只用一个触发器进行集中处理，可以方便维护程序，但是对于处理器来说较大的工作量会降低其处理速度，如果全部的电气设备都要进行监控就会降低主机的效率，投资也因电缆数量的增多而有所增加。还有一些系统会受到长电缆的干扰，如果连接断路器的话也会无法正确地连接到辅助点，给相应人员的查找带来很大的困难，也会产生失误。

远程监控方式同样有利有弊，电气设备较大的通信量会降低各地通信的速度。它的优点也有很多，比如灵活的工作组态、节约费用和材料，并且相对来说可靠性更高。但是总体来说远程监控这一方式没有很好地体现出来电气自动化控制技术的特点。

经过一系列的试验和实地考察，现场总线监控结合了其余两种设计方式的优点，并且对其存在的缺点进行有效改良，它成为最有保障的一种设计方式，电气自动化控制系统的设计理念也随之形成。设计理念在设计过程中的体现主要有以下几个方面：

①电气自动化控制技术实行集中检测时，可以实现一个处理器对整个

控制的处理，简单灵活的方式极大地方便了运行和维护。②电气自动化控制技术远程监测时，可以稳定地采集和传输信号，及时反馈现场情况，依据具体情况来修正控制信号。③电气自动化控制技术在监测总线时，集中实现控制功能，从而来实现高效的监控。

从电气自动化控制技术的整体框架来说，在许多实际应用中都体现出电气自动化控制技术系统设计理念，也获得了许多的成绩，所以在进行电气自动化控制技术设计时，应依据自身情况选择合理的设计方案。

五、电气自动化控制系统的设计流程

在机电一体化产品中，电气自动化控制系统具有非常重要的作用，其相当于人类的大脑，用来对信息进行处理与控制。在进行电气自动化控制系统的设计时一定要遵循相应的流程。依照控制的相关要求将电气自动化控制系统的设计方案确定下来，然后将控制算法确定下来，并且选择适当的微型计算机，制定出电气自动化控制系统的总体设计内容，最后开展软件与硬件的设计。虽然电气自动化控制系统的设计流程较为复杂，但是在设计时一定要从实际出发，综合考虑集中监控方式、现场总路线监控方式以及远程监控方式，唯有如此才能够将与相关要求相符的控制系统建立起来。

六、电气自动化控制系统的设计方法

在当前电气自动化控制系统中应用的主要设计思想有三种，分别是集中监控方式、远程监控方式以及现场总线监控方式，这三种设计思想各有其特点，应该根据具体条件选用。

使用集中监控的自动化控制系统时，中央处理器会分析生产过程中所产生的数据并进行处理，可以很好地控制具体的生产设备。同时，集中监控控制系统设计起来比较简单，维护性较强。不过，因为集中监控的设计方式会将生产设备的所有数据都汇总到中央处理器，中央处理器需要处理分析很多数据，因此电气自动化控制系统运行效率较低，出现错误的概率也相对较高。采用远程监控设计方式设计而成的电气自动化控制系统，相对灵活，成本有所降低，还能给企业带来很好的管理效果。远程监控电气自动化控制系统在工作过程中，需要传输大量信息，现场总线长期处于高负荷状态，因此

应用范围比较小。以现场总线监控为基础设计出的监控系统应用了以太网与现场总线技术，既有很强的可维护性，也更加灵活，应用范围更广。现场总线监控电气自动化控制系统的出现，极大地促进了我国电气自动化控制系统智能化的发展。工业生产企业往往会根据实际需要，在这三种监控设计方式之中选取一种。

（一）现场总线监控

随着经济社会的发展、科学技术的进步，当前智能化电气设备有了较快的发展，计算机网络技术已经普遍应用在变电站综合自动化系统中，我们也积累了丰富的运行经验。这些都为网络控制系统应用于电力企业电气系统奠定了良好的基础。现场总线以及以太网等计算机网络技术已经在变电站综合自动化系统中有较为广泛的应用，而且已经积累了较为丰富的运行经验，同时智能化电气设备也取得了一定的发展。在电气自动化控制系统中，现场总线监控方式的应用可以使得系统设计的针对性更强，由于不同的间隔，其所具备的功能也有所不同，因此能够依照间距的具体情况来展开具体的设计。现场总线监控方式不但具备远程监控方式所具备的一切优点，同时还能够大大减少模拟量变送器、I/O卡件、端子柜以及隔离设备等，智能设备就地安装并且通过通信线和监控系统实现连接，能够省下许多的控制电缆，大大减少了安装维护的工作量以及投入资金，进而使得所需成本有效降低。除此之外，各装置的功能较为独立，装置间仅仅经由网络来连接，网络的组态较为灵活，这就使得整个系统具有较高的可靠性，每个装置的故障都只会对其相应的元件造成影响，而不会使系统发生瘫痪。

（二）远程监控

最早研发的自动化系统主要是远程控制装置，主要采用模拟电路，由电话继电器、电子管等分立元件组成。这一阶段的自动控制系统不涉及软件，主要由硬件来完成数据收集和判断，无法完成自动控制和远程调解。它们对提高变电站的自动化水平，保证系统安全运行，发挥了一定的作用，但是由于这些装置相互之间独立运行，没有故障诊断能力，在运行中若自身出现故障，不能提供告警信息，有的甚至会影响安全。远程监控方式具有节约大量电缆、节省安装费用、节约材料、可靠性高、组态灵活等优点。

（三）集中监控

集中监控方式主要在于运行维护便捷，系统设计容易，控制站的防护要求不高。但基于此方法的特点是将系统各个功能集中到一个处理器进行处理，若处理任务繁重会使处理速度受到影响。此外，电气设备全部进入监控，会随着监控对象的大量增加主机冗余下降，电缆速率增加，成本加大，长距离电缆引入的干扰也会影响系统的可靠性。同时，隔离刀闸的操作闭锁和断路器的连锁采用硬接线，通常为隔离刀闸的辅助接点经常不到位，造成设备无法操作，这种接线的二次接线复杂，查线不方便，增加了维护量，并可能造成误操作。

电气自动化控制系统的设计思想一定要将各环节中的优势较好地把握，并且使其充分地发挥出来，与此同时，在电气自动化控制系统的设计过程中一定要坚持与实际的生产要求相符，切实确保电气行业的健康可持续发展。在电气自动化控制系统的不断探索中，需要相关工作人员认识当前存在的不足，并且不断学习新技术、新方法等，提高自己，从而推动我国电气自动化控制系统的发展。

第四节　电气自动化控制设备可靠性测试与分析

一、加强电气自动化控制设备可靠性研究的重要意义

伴随着电气自动化的提高，控制设备的可靠性问题就变得非常突出。电气自动化程度是一个国家电子行业发展水平的重要标志，同时自动化技术又是经济运行必不可少的技术手段。电气自动化具有提高工作的可靠性、提高运行的经济性、保证电能质量、提高劳动生产率、改善劳动条件等作用。

电气自动化控制设备可靠性对企业的生产有着直接的影响。所以在实际使用过程中，作为专业技术人员，必须切实加强对其可靠性的研究，结合影响因素，采取针对性的措施，不断地强化其可靠性。

（一）可靠性可以增加市场份额

随着国家经济的高速发展，人们对于产品的要求也越来越高，用户不仅要求产品性能好，更重要的是要求产品的可靠性水平高。随着电气自动化控制设备自动化程度、复杂度越来越高，可靠性技术已成为企业在竞争中获取市场份额的有力工具。

（二）可靠性提高产品质量

产品质量就是使产品能够实现其价值、满足明示要求的技术和特点。只有可靠性高，发生故障的次数才会少，那么维修费用也就随之减少，相应的安全性也随之提高。因此，产品的可靠性是非常重要的，是产品质量的核心，是每个生产厂家倾其一生追求的目标。

二、提升电气自动化控制设备可靠性的必要性分析

电气自动化控制设备属于现代电气技术的结晶，其具有较强的专业性，所以为了确保其能更好地为生产提供服务，促进生产效率的提升，在实际工作中，作为电气专业技术人员，必须充分意识到提升其可靠性的必要性。具体来说，主要体现在以下几个方面：

（1）提升其可靠性能够使生产环节安全高效地开展。现代企业为了满足消费者的需要，在产品生产过程中往往需应用电气自动化控制设备，这主要是其有助于生产效率的提升，提高产品的技术含量。因而只有提升其可靠性，才能确保其始终处于最佳的状态服务生产，从而确保企业的各项任务安全高效地开展。

（2）提升其可靠性能够使产品质量提升。产品质量就是企业生命，企业要想在竞争日益激烈的市场环境中占有一席之地，就必须在实际生产过程中注重产品质量的提升，而提升产品质量离不开现代科学技术的支持，尤其是电气自动化控制技术设备的支持，只有提高其可靠性，才能确保提升产品质量，并在提高产品质量的同时促进企业核心竞争力的提升。

（3）提升其可靠性有助于有效地降低企业生产成本。企业经济效益的高低源自自身成本控制的好坏，而在企业生产中，如果电气自动化控制设备的

可靠性不足，势必会因此带来维修成本的提升，因而只有加强对其的维护和保管，促进其可靠性的提升，才能更好地实现生产和降低成本的目标。

三、影响电气自动化控制设备可靠性的因素

既然提高电气自动化控制设备的可靠性具有十分强烈的必要性，那么为了更好地采取有效的措施促进其可靠性提升，就必须对影响电气自动化控制设备可靠性的因素有一个全面的认识，具体来说，主要有以下几点。

（一）内在因素

内在因素主要是指电气自动化控制设备本身的元件质量较差，因此难以在恶劣的气候下高效运行，同时也难以抗击电磁波的干扰。这主要是生产企业在生产过程中偷工减料，为了降低成本而降低生产工艺质量，导致电气自动化控制设备元件自身的可靠性和质量下降，加上很多电气自动化控制设备需要在恶劣环境下运行，这就会导致可靠性降低，而电磁波干扰又难以避免，影响其正常运行。

（二）外在因素

外在因素主要是指人为因素，在电气自动化控制设备使用和管理工作中，工作人员没有完全履行自身的职责，导致电气自动化控制设备长期处于高负荷的运行状态，电气自动化控制设备出现故障后难以得到及时修复，加上部分操作人员在实际操作中未按照规范进行操作，导致其性能难以高效地发挥。

四、可靠性测试的主要方法

确定·个最适当的电气自动化控制设备可靠性测试方法是非常重要的，是对电气自动化控制设备可靠性做出客观准确评价的前提条件。国家电控配电设备质量监督检验中心提供了对电气自动化控制设备进行可靠性测试的方法，在实践中比较常用的有以下三种：

（一）实验室测试法

实验室测试法是通过可靠性模拟进行测试，利用符合规定的可控工作条件及环境对设备运行现场使用条件进行模拟，以便实现以最接近设备运行现场所遇到的环境应力对设备进行检测，统计时间及失效总数等相关数据，从而得出被测设备可靠性指标。用同样的规定的可以控制的工作条件和环境条件，模拟现场的使用条件，使被测设备在现场使用时与所遇到的环境相同，在这种情况下进行测试，并将累计的时间和失败次数等数据通过数理统计得到可靠性指标，这是一种模拟可靠性测试。这种测试方法易于控制所得数据，并且得到的数据质量较高，测试结果可以再现、分析。但是受测试条件的限制很难与真实情况相对应，同时测试费用很高，而这种测试一般都需要较多的试品，所以还要考虑到被试产品的生产批量与成本因素。因此这种测试方法比较适用于生产大批量的产品。

（二）现场测试法

现场测试法是在使用现场对设备进行可靠性测试，记录各种可靠性数据，然后根据数理统计方法得出设备可靠性指标的一种方法。该方法的优点是测试需要的测试设备比较少，工作环境真实，其测试所得到的数据能够真实反映产品在实际使用情况下的可靠性、维护性等参数，且需要的直接费用少，受试设备可以正常工作使用。不利之处是不能在受控的条件下进行测试，外界影响因素繁杂，有很多不可控因素，测试条件的再现性比实验室的再现性差。

电气自动化控制设备可靠性现场测试法具体包含三种类型：

（1）在线测试，即在被测试设备正常运行过程当中进行测试；

（2）停机测试，即在被测试设备停止运行时进行测试；

（3）脱机测试，需要从设备运行现场将待测部件取出，安装到专业检测设备当中进行可靠性测试。

单纯从测试技术方面分析，后两种测试方法相对简单，但如果系统较为复杂，一般只有设备保持运行状态时才可以定位故障的准确位置，故只能选择在线测试。在实践中，进行现场测试时具体选择哪种类型的测试，要看故障的具体情况以及是否可以实现立即停机。

电气自动化控制设备可靠性现场测试法与实验室测试法相比较，不同之处主要体现在以下两点：第一，现场测试法安装及连接待测试设备的难度较大。主要原因在于，线路板已经被封闭在机箱当中，这就导致测试信号难以引进，即便是在设备外壳处预留了测试插座，也需要较长的测试信号线。在进行电气自动化控制设备可靠性现场测试时，无法使用以往的在线仿真器。第二，由于进行设备可靠性现场测试通常不具备实验室的测试设备和仪器，这就对现场测试手段及方法提出更高要求。

（三）保证实验测试法

所谓保证实验测试法，就是经常谈到的"烤机"，具体指的是在产品出厂前，在规定的条件下对产品所实施的无故障工作测试。通常情况下，作为研究对象的电气自动化控制设备都有着数量较多的元器件，其故障模式显示方式并非以某几类故障为主，而是具有一定的随机性，并且故障表现形式多样，所以，其故障服从于指数分布，换句话说，其失效率是随着时间的变化而变化的。产品出厂之前在实验室所进行的烤机，从本质上讲，就是测试和检测产品早期失效情况，通过对产品进行不断的改进和完善，确保所出厂的产品的失效率均已符合相关指标的要求。实施电气自动化可靠性保证实验所花费的时间较长，因此，如果产品是大批量生产，这种可靠性测试法方法只能应用于产品的样本，如果产品的生产量不大，则可以将此种保证实验测试法应用在所有产品上。电气自动化设备可靠性保证实验测试法主要适用范围是电路相对复杂、对可靠性要求较高并且数量不大的电气自动化控制设备。

五、电气自动化控制设备可靠性测试方法的确定

确定电气自动化控制设备可靠性测试方法，需要对实验场所、实验环境、待测验产品以及具体的实验程序等因素进行全面的考察和分析：

（1）实验场地的确定：电气自动化设备可靠性测试实验场地的选择，需要结合设备可靠性测试的具体目标来进行。如果待测试的电气自动化控制设备的可靠性高于某一特定指标，就需要选取最为严酷的实验场所进行可靠性测试；如果只是测试电气自动化控制设备在正常使用状况下的可靠性，则需

要选取最具代表性的工作环境作为开展测试实验的场所；如果进行测试的目的只是获取准确的可比性数据资料，在进行实验场所选择时需要重点考虑与设备实际运行相同或相近的场所。

（2）实验环境的选取：因为对于电气自动化控制设备而言，不同的产品类型所对应的工况有所不同，所以，在进行电气自动化控制设备可靠性测试时，选取非恶劣实验环境，这样被测试的电气自动化控制设备将处于一般性应力之下，由此所得到的设备自控可靠性结果更加客观和准确。

（3）实验产品的选择：在选择电气自动化控制设备可靠性测试实验产品时，要注意挑选比较具有代表性、典型特点的产品。所涉及的产品的种类比较多，例如造纸、化工、矿井以及纺织等方面的机械电控设备等。从实验产品规模上分析，主要包括大型设备以及中小型设备；从实验设备的工作运行状况来分析，主要可以分为连续运行设备以及间断运行设备。

（4）实验程序：开展电气自动化控制设备可靠性实验需要由专业的现场实验技术人员严格按照统一实验程序操作，主要涉及测试实验开始及结束时间、确定适当的时间间隔、收集实验数据、记录并确定自控设备可靠性相关指标、相应的保障措施以及出现意外状况的应对措施等方面的规范。只有严格依据规范进行自控设备可靠性实验操作，才可以确保通过实验获取的相关数据的可靠性及准确性。

（5）实验组织工作：开展电气自动化控制设备可靠性测试实验最为重要的内容就是实验组织工作，必须组建一个高效、合理且严谨的实验组织机构，主要负责确定实施自控设备可靠性实验的主要参与人员，协调相关工作，对实验场所进行管理，组织相关实验活动，收集并整理实验数据，分析实验结果，对实验所得到的数据进行全面深入分析，并在此基础上得出实验结论。除此之外，实验组织机构还需要负责组织协调实验现场工程师、设备制造工程师以及可靠性设计工程师相互之间的关系与工作。

六、提高控制设备可靠性的对策

要提高电气自动化控制设备的可靠性，必须掌握控制设备的特殊性能，并采用相应的可靠性设计方法，从元器件的正确选择与使用、散热防护、气候防护等方面入手，使系统可靠性指标大大提高。

（1）从生产角度来说，设备中的零部件、元器件，其品种和规格应尽可能少，应该尽量使用由专业厂家生产的通用零部件或产品。在满足产品性能指标的前提下，其精度等级应尽可能低，装配也应简易化，尽量不搞选配和修配，力求减少装配工人的体力消耗，便于厂家自动进行流水生产。

（2）电子元器件的选用规则。根据电路性能的要求和工作环境的条件选用合适的元器件。元器件的技术条件、性能参数、质量等级等均应满足设备工作和环境的要求，并留有足够的余量；对关键元器件要进行用户对生产方的质量认定；仔细分析比较同类元器件在品种、规格、型号和制造厂商之间的差异，择优选择。要注意统计在使用过程中元器件所表现出来的性能与可靠性方面的数据，作为以后选用的依据。

（3）电子设备的气候防护。潮湿、盐雾、霉菌以及气压、污染气体对电子设备影响很大，其中潮湿是最主要的影响。特别是在低温高湿条件下，空气湿度达到饱和时会使机内元器件、印制电路板上色并出现凝露现象，使电性能下降，故障率上升。

（4）在控制设备设计阶段，首先，研究产品与零部件技术条件，分析产品设计参数，研讨和保证产品性能和使用条件，正确制定设计方案；其次，根据产量设定产品结构形式和产品类型。全面构思，周密设计产品的结构，使产品具有良好的操作维修性能和使用性能，以降低设备的维修费用和使用费用。

（5）控制设备的散热防护。温度是影响电子设备可靠性最广泛的一个因素。电子设备在工作时，其功率损失一般都以热能形式散发出来，尤其是一些耗散功率较大的元器件，如电子管、变压管、大功率晶体管、大功率电阻等。另外，当环境温度较高时，设备工作时产生的热能难以散发出去，将使设备温度升高。

综上所述，保证电气设备的可靠性是一个复杂的且涉及广泛知识领域的系统工程。只有在设计上给予充分的重视，采取各种技术措施，同时，在使用过程中按照流程操作，及时保养，才会有满意的成果。

七、电气自动化控制系统中的抗干扰

(一) 电磁干扰形成的条件

电磁干扰可以说是无孔不入，但就其传输耦合方式来讲不过两种：一种是将空间作为传输媒介，即干扰信号通过空间耦合到被干扰的电子设备或电子系统中，这种耦合方式称为辐射耦合；另一种是将金属导线作为传输媒介，即干扰信号通过设备与设备或系统与系统之间的传输导线耦合到被干扰的电子设备或电子系统中。例如，两个电子设备或系统共用一个电源网络，其中一个设备或系统产生的电磁干扰会通过公共的电源线路耦合到另一个电子设备或系统中，这种耦合称为传导耦合。由此可知，电磁干扰的传输途径可分为两种，一种是辐射耦合途径，另一种是传导耦合途径。

电气自动化控制系统投入工业应用环境运行时，由于系统通过电网、空间与周围环境发生了联系而受到干扰，若系统抵御不住干扰的冲击，各电气功能模块将不能正常工作。微机系统往往会因干扰产生程序"跑飞"，传感器模块将会输出伪信号，功率驱动模块将会输出畸变驱动信号，使执行机构动作失常，凡此种种，最终导致系统产生故障，甚至瘫痪。因此，系统设计除功能设计、优化设计外，另一项重要任务是要完成系统的抗干扰设计。

电磁干扰的存在必须具备以下三个条件：

1. 电磁干扰源

电磁干扰源指的是能产生电磁干扰（电磁噪声）的源体。电磁干扰源一般具有一定的频率特性，其干扰特性可在频域内通过测试来获得。电磁干扰源所呈现的干扰特性可能有一定的规律，也可能没有规律，这完全取决于干扰源本身的性质。

2. 电磁干扰敏感体

电磁干扰敏感体是指能对电磁干扰源产生的电磁干扰有响应，并使其工作性能或功能下降的受体。一般情况下，敏感体也具有一定的频率特性，即在敏感的带宽内才能对电磁干扰产生响应。

3. 电磁干扰传播途径

电磁干扰传播途径是连接电磁干扰源与电磁干扰敏感体之间的传输媒

介，起着传输电磁干扰能量的作用。电磁干扰传播途径主要有两种形式，一种是通过空间途径传播（辐射的形式），另一种是通过导电体（或导线）途径传播（传导的形式）。不管是电磁干扰源还是电磁干扰敏感体，它们都有各自的频率特性，当两者的频率特性相近或干扰源产生的干扰能量足够强，同时又有畅通的干扰途径时，干扰现象就会出现。

（二）干扰源

为了提高电气自动化系统的抗干扰性能，首先要弄清干扰源。从干扰源进入系统的渠道来看，系统所受到的干扰源分为供电干扰、过程通道干扰、场干扰等。

1. 供电干扰

大功率设备（特别是大感性负载的启停）会造成电网的严重污染，使得电网电压大幅度涨落，电网电压的欠压或过压常常超过额定电压的 ±15%以上，这种状况可达几分钟、几小时甚至几天。由于大功率开关的通断、电动机的启停等原因，电网上常常出现几百伏甚至几千伏的尖峰脉冲干扰。由于我国采用高压（220V）高内阻电网，电网污染严重，尽管系统采用了稳压措施，但电网噪声仍会通过整流电路窜入微机系统。据统计，电源的投入、瞬时短路、欠压、过压、电网窜入的噪声引起 CPU 误动作及数据丢失占各种干扰的 90% 以上。

2. 过程通道干扰

在电气自动化控制系统中，有的电气模块之间需用一定长度的导线连接起来，如传感器与微机连接、微机与功率驱动模块连接。这些连线少则几条，多则千条。连线的长短为几米至几千米不等。通道干扰主要来源于长线传输（传输线长短的定义是相对于 CPU 的晶振频率而定的，当频率为 1MHz 时传输线长度大于 0.5m，频率为 4MHz 时，传输线长度大于 0.3m，视其为长传输线）。当系统中有电气设备漏电，接地系统不完善，或者传感器测量部件绝缘不好时，都会在通道中直接窜入很高的共模电压或差模电压；各通道的传输线如果处于同一根电缆中或捆扎在一起，则会通过分布电感或分布电容产生相互间的干扰。尤其是 0～15V 的信号线与交流 220V 的电源线同处于一根长达几百米的管道内时，其干扰相当严重。这种电磁感应产生的干扰也在通道中形成共模或差模电压，有时这种通过感应产生的干扰电压会达几十伏以上，使系统无法工作。多路信号通常要通过多路开关和采样保持器进行数据采集后送入微机，若这部分的电路性能不好，幅值较大的干扰信号也会使邻近通道之间产生信号串扰。这种串扰会使信号失真。

3. 场干扰

系统周围的空间总存在着磁场、电场、静电场，如太阳及天体辐射电磁波，广播、电话、通信发射台辐射电磁波，中频设备 (如中频炉、微波炉等) 发出的电磁辐射等。这些场干扰会通过电源或传输线影响各功能模块的正常工作，使其中的电平发生变化或产生脉冲干扰信号。

(三) 提高系统抗电源干扰能力的方法

1. 配电方案中的抗干扰措施

抑制电源干扰首先从配电系统的设计上采取措施。交流稳压器用来保证系统供电的稳定性，防止电网供电的过压或欠压。但交流稳压器并不能抑制电网的瞬态干扰，一般需加一级低通滤波器。

高频干扰通过源变压器的初级与次级间的寄生耦合电容窜入系统，因此，在电源变压器的初级线圈和次级线圈间需加静电屏蔽层，把耦合电容分隔，使耦合电容隔离，断开高频干扰信号，能有效地抑制共模干扰。目前使用的直流稳压电源可分为常规线性直流稳压电源和开关稳压电源两种。常规线性直流稳压电源由整流电路、三端稳压器及电容滤波电路组成。开关稳压电源是采用反激变换器的储能原理而设计的一种抗干扰性能较好的直流稳压电源，开关稳压电源的振荡频率接近 1000kHz，其滤波以高频滤波为主，对尖脉冲有良好的抑制作用。开关稳压电源对来自电网的干扰的抑制能力较强，在工业控制微机中已被广泛采用。

分立式供电方案就是将组成系统的各模块分别用独立的变压、整流、滤波、稳压电路构成的直流电源供电，这样就降低了集中供电产生的危险性，而且减少了公共阻抗的相互耦合以及公共电源的相互耦合，提高了供电的可靠性，也有利于电源散热。

另外，交流电的引入线应采用粗导线，直流输出线应采用双绞线，扭绞的螺距要小，并尽可能缩短配线长度。

2. 利用电源监视电路抗电源干扰

在系统配电方案中实施抗干扰措施是必不可少的，但这些措施仍难抵御微秒级的干扰脉冲及瞬态掉电，特别是后者属于恶性干扰，可能产生严重的事故。因此在系统设计时，应根据设计要求采取进一步的保护措施，电源监视电路的设计是抗电源干扰的一个有效方法。

目前市场提供的电源监视集成电路一般具有如下功能：

（1）监视电源电压瞬时短路、瞬间降压和微秒级干扰脉冲及掉电；

（2）及时输出供 CPU 接收的复位信号及中断信号；

（3）电压在 4.5 ~ 4.8V，外接少量电阻、电容就可调整监测的灵敏度及响应速度；

（4）电源及信号线能与微机直接相连。

3. 用 Watch dog 抗电源干扰

Watch dog 俗称"看门狗"，是微机系统普遍采用的抗干扰措施之一。它实质上是一个可由 CPU 监控复位的定时器。

在 Watch dog 的实现中，定时器时钟输入端 CLK 由系统时钟提供，其控制端接 CPU，CPU 对其设置定时常数，控制其启动。在正常情况下，定时器总在一定的时间间隔内被 CPU 刷新一次，因而不会产生溢出信号，当系统因干扰产生程序"跑飞"或进入死循环后，定时器因未能被及时刷新而产生溢出。由于其溢出信号与 CPU 的复位端或中断控制器相连，就会引起系统复位，使系统重新初始化，而从头开始运行，或产生中断，强迫系统进入故障处理中断服务程序，处理故障。

Watch dog 可由定时器以及与 CPU 之间适当的 I/O 电路构成，如振荡器加上可复位的计数器构成的定时器、各种可编程的定时计数器、单片机内部定时 / 计数器等。有些单片机已将 Watch dog 制作在芯片中，使用起来十分方便。如果为了简化硬件电路，也可以用纯软件实现 Watch dog 功能，但可靠性差些。

（四）电场与磁场干扰耦合的抑制

1. 电场与磁场干扰耦合的特点

在任何电子系统中，电缆都是不可缺少的传输通道，系统中大部分电磁干扰敏感性问题、电磁干扰发射问题、信号串扰问题等都是由电缆产生的。电缆之所以能够产生各种电磁干扰的问题，主要是因为其以下几个方面的特性在起作用：

（1）接收特性。根据天线理论，电缆本身就是一条高效率的接收天线，它能够接收到空间的电磁波干扰，并且能将干扰能量传递给系统中的电子电路或电子设备，造成敏感性的干扰影响。

（2）辐射特性。根据天线理论，电缆本身还是一条高效率的辐射天线。它能够将电子系统中的电磁干扰能量辐射到空间中去，造成辐射发射干扰影响。

（3）寄生特性。在电缆中，导线可以看成是互相平行的，而且互相靠得很紧密。根据电磁理论，导线与导线之间必然蕴藏着大量的寄生电容（分布电容）和寄生电感（分布电感），这些寄生电容和寄生电感是导致串扰的主要原因。

（4）地电位特性。电缆的屏蔽层（金属保护层）一般情况下是接地的。因此如果电缆所连接设备接地的电位不同，必然会在电缆的屏蔽层中引起地电流的流动。例如，当两个设备的接地线电位不同时，在这两个设备之间便会产生电位差，在这个电位差的驱动下，必然会在电缆屏蔽层中产生电流。由于屏蔽层与内部导线之间有寄生电容和寄生电感存在，因此屏蔽层上流动着的电流完全可以在内部导线上感应出相应的电压和电流。如果电缆的内部导线是完全平行的，感应出的电压或电流大小相等、方向相反，在电路的输入端互相抵消，不会出现干扰电压或干扰电流。但是，实际上电缆中的导线并不是绝对平行的，而且所连接的电路通常也都不是平衡的，这样就会在电路的输入端产生干扰电压或干扰电流。这种地线电位不一致所产生的干扰现象，在较大型的系统中是常见的。

2. 电场与磁场干扰耦合的抑制

（1）电场干扰耦合等效电路分析。电场干扰耦合又称为容性干扰耦合。平行导线间存在电场（容性）干扰耦合，利用电路理论可以分析电场干扰耦合的一些特点。这里主要讨论电场干扰耦合的抑制问题。为了能比较清楚地说明问题，仍然采用两平行导线结构。在讨论中，假设只对干扰源回路采取屏蔽措施，而干扰敏感体回路未采取屏蔽措施，可以看出，干扰源回路对干扰敏感体回路的电场耦合可分为两部分，一部分是干扰源回路导线对屏蔽层之间的耦合电容，另一部分是干扰源回路屏蔽层对地的耦合电容。

对于干扰源回路或干扰敏感体回路，不管在哪一方采用屏蔽措施，其原理都是相同的。屏蔽层能起到屏蔽的作用，屏蔽层接地是必要的条件。应该指出，如果屏蔽层不采取接地措施，则有可能造成比不采用屏蔽措施时更大的电场干扰耦合。因为采用屏蔽措施后，被屏蔽的屏蔽体的有效截面积要比不采用屏蔽措施时的有效截面积大得多，造成屏蔽体与其他导线之间的距离减小，使得耦合电容增大，因此产生的干扰耦合量也就随之增加。

（2）屏蔽层本身阻抗特性的影响。屏蔽层阻抗是沿着屏蔽层纵向分布的，只有在频率较低或屏蔽层纵向长度远远小于传输信号波长的1/16时，才能忽略屏蔽层本身阻抗特性的影响，在低频或屏蔽层纵向长度不长时，采用单点接地技术较为适合。

当信号频率很高或屏蔽层纵向长度接近或大于传输信号波长的1/16时，屏蔽层本身的纵向阻抗特性就不能被忽略。如果这时屏蔽层仍然采用单点接地技术，那么单点接地将迫使干扰耦合电流流过较长距离后才能入地，结果使干扰电流在屏蔽层纵向方向上产生电压降，屏蔽层在纵向方向上的各点电位不相同，这样不仅影响了屏蔽效果，而且由于各点电位不相同还会产生新的附加干扰耦合。为了使屏蔽层在纵向方向上尽可能地保持等电位，当频率较高或屏蔽层纵向较长时，应在每间隔1/16信号波长的距离处接地一次。

在接地技术实施过程中，应注意每一个细节问题，否则会留下难以处理的后患。在这里要特别注意一个非常容易被忽视的接地技术问题。在实际的接地施工中，常常是将屏蔽层与被屏蔽的导线分开后，再将屏蔽层接地。此操作是将屏蔽层扭绞成一个辫子形状的粗导线后再接地，而这个辫子形状的粗导线很容易产生寄生（分布）电感。寄生电感对屏蔽层的屏蔽性能有着极为不利的影响，这种影响称为"猪尾"效应。

另外，还有一种不利于提高屏蔽性能的情况，这种情况在实际工程中也很容易被忽视，那就是在屏蔽电缆与设备或系统的接入点处，如果屏蔽层的长度过短，屏蔽电缆留出的芯线又过长，暴露在屏蔽层之外的电缆芯线得不到屏蔽层的保护会使得整个电缆的电场屏蔽性能降低。

综上所述，要想提高屏蔽层的电场屏蔽效能，除了屏蔽层应有良好的接地之外，还应尽量减小导线（电缆芯线）暴露在屏蔽层之外的长度。

在许多实际应用中，例如金属探测器和无线电方向指示器，只希望对电场进行屏蔽而不希望对磁场进行屏蔽，那么只要将屏蔽层单点接地就可以满足上述要求。因为屏蔽层单点接地不能构成电流回路，从而破坏了屏蔽磁场条件，所以说单点接地不能达到屏蔽磁场的目的，这种屏蔽技术称为"法拉第"屏蔽技术。

（五）几种接地技术

接地从字面上看是一件十分简单的事情，但是对于从事电磁干扰的人来说，接地可能是一件非常复杂且难处理的事情。实际上在电子电路设计中，接地也是极难的技术之一。面对一个系统，没有一个人能够提出一个完全正确的接地方案，这是因为接地没有一个系统的理论或模型。当在考虑接地时，设计者只能依靠过去的经验或从书中得到的知识来处理接地问题。接地又是一个十分复杂的问题，在一个场合可能是一个很好的设计方案，但在另一个场合就不一定是好的。接地设计的好坏在很大程度上取决于设计者对"接地"这个概念理解程度的深浅和设计经验丰富与否。接地的方法很多，具体采用哪一种方法稳妥要取决于系统的结构和功能。下面给出几种在电子系统中经常采用的接地技术，这些技术来源于已经被验证成功的经验。

1. 单点接地

单点接地是为许多连接在一起的不同电路提供一个公共电位参考点，这样不同种类电路的信号就可以在电路之间传输。若没有一个公共参考点，传输的信号就会出现错误。单点接地要求每个电路只接地一次，并且全部接在同一个接地点上。该点常常作为地电位参考点。由于只存在一个参考点，因此有的电路的接地线可能会拉得很长，增加了导线的分布电感和分布电容，因此在高频电路中不宜采用单点接地的方法。另外，因为单点接地在各电路中不存在地回路，所以能有效降低或抑制感性耦合干扰。

2. 多点接地

在多点接地结构中，设备内电路都以机壳为参考点，而各个设备的机壳又都以地为参考点。这种接地结构能够提供较低的接地阻抗，而且每条地线的长度都可以很短，由于多根导线并联能够降低接地导体的总电感，因此在高频电路中必须使用多点接地，并且要求每根接地线的长度小于信号波长的 1/16。

3. 混合单点接地

混合单点接地既包含了单点接地的特性，又包含了多点接地的特性。例如，系统内的电源需要单点接地，而高频或射频信号又要求多点接地，这时就可以采用混合单点接地的方法。这种接地方法的缺点是接地导线有时较长，不利于高频或射频电路所要求的接地性能。这种方法适用于板级电路的模拟地和数字地的接地方式。如果多点接地与设备的外壳或电源地相连接，并且设备的物理尺寸或连接电缆长度与干扰信号的波长相比很长，就存在通过机壳或电缆的作用产生干扰的可能性。

4. 混合多点接地

混合多点接地不仅包含了单点接地特性，也包含了多点接地特性，是经常采用的一种接地方法。为了防止系统与地之间的互相影响，减小地阻抗之间的耦合，接地层的面积越大越好。由于采用了就近接地，接地导线可以很短，这样不仅降低了接地阻抗，同时还减小了接地回路的面积，有利于抑制干扰耦合的现象发生。

使用交流电供电的设备必须将设备的外壳与安全地线进行连接，否则当设备内的电源与设备外壳之间的绝缘电阻变小时，会导致电击伤害人身安全的事故。对于内部噪声和外部干扰的抑制，需要在设备或系统上有许多点与地相连，主要是为干扰信号提供一个"最低阻抗"的旁路通道。

设备的雷电保护系统是一个能够泄放大电流的接地系统，它主要由接闪器 (避雷针)、下引线和接地网体组成。雷电接地系统常常要与电源参考地线或安全地线连接，形成一个等电位的安全系统，接地网体的接地电阻应足够小 (一般为几欧姆)，这里应该指出，一般对接地的设计要求是指对安全和雷电防护的接地要求，其他接地要求均包含在对系统或设备的功能性设计要求中。

5. 接地的一般性原则

对于低频电路接地的问题，应坚持单点接地的原则，而在单点接地的原则中，又有串联接地和并联接地两种。单点接地是为许多接在一起的电路提供共同的参考点，其中并联单点接地最为简单、实用，这种接地没有各电路模块之间的公共阻抗耦合的问题。每一个电路模块都接到同一个单点接地上，地线上不会出现耦合干扰电流。这种接地方式一般在 1MHz 以下的工作频率段内能工作得很好，随着使用信号频率的升高，接地阻抗会越来越大，电路模块上会产生较大的共模干扰电压。因此，单点接地不适合高频电路模块的接地设计。

对于工作频率较高的模拟电路和数字电路而言，各个电路模块或电路中的元器件引线的分布电感和分布电容，以及电路布局本身的分布电感和分布电容都将会增加接地线的阻抗，因此低频电路中广泛采用的单点接地方法若在高频电路中继续使用的话，非常容易造成电路间的互相耦合干扰，从而使电路工作出现不稳定等现象。为了降低接地线阻抗和接地线间的分布电感和分布电容所造成的电路间互相耦合干扰的概率，高频电路宜采用就近接地，即多点接地的原则，将各电路模块中的系统地线就近接到具有低阻抗的地线上。一般来说，当电路的工作频率高于 10MHz 时，应采用多点接地的方式。高频接地的关键技术就是尽量减小接地线的分布电感和分布电容，所以高频电路在接地的实施技术和方法上与低频电路是有很大区别的。

当一个系统中既有低频电路又有高频电路（这是常有的情况）时，应该采用混合接地的原则。系统内的低频部分需要单点接地，而高频部分需要多点接地。一般情况下，可以把地线分成三大类，即电源地、信号地和屏蔽地。所有电源地线都接到电源总地线上，所有的信号地线都接到信号总地线上，所有的屏蔽地线都接到屏蔽总地线上，最后将三大类地线汇总到公共的地线上。

接地问题是一个从表面上看似很简单，但实质上很复杂的系统工程。良好的接地系统设计，不仅可以有效地抑制外来电磁干扰的侵入，保证设备和系统安全、稳定、可靠地运行，而且能抑制向外界大自然环境泄漏电磁噪声和释放电磁污染。如果接地系统设计不够理想，不仅不能有效地抑制来自外界的电磁干扰，使设备和系统工作紊乱，同时还会向外界大自然环境中泄漏电磁干扰和释放电磁污染，危害自然环境。因此，对于接地系统的设计问题，必须给予足够的重视，从系统工程的角度出发研究和解决电子电气设备的接地问题。

(六) 过程通道干扰措施

抑制传输线上的干扰，主要措施有光电隔离、双绞线传输、阻抗匹配等。

1. 光电隔离的长线浮置措施

利用光电耦合器的电流传输特性，在长线传输时可以将模块间两个光电耦合器件用连线"浮置"起来。这种方法不仅有效地消除了各电气功能模块间的电流流经公共地线时所产生的噪声电压互相干扰，而且有效地解决了长线驱动和阻抗匹配问题。

2. 双绞线传输措施

在长线传输中，双绞线是较常用的一种传输线，与同轴电缆相比，虽然频带较窄，但阻抗高，降低了共模干扰。由双绞线构成的各个环路，改变了线间电磁感应的方向，使其相互抵消，因此对电磁场的干扰有一定的抑制效果。

在数字信号的长线传输中，根据传输距离不同，双绞线使用方法也不同。当传输距离在 5m 以下时，收、发两端应设计负载电阻，若发射侧为 OC 门输出，接收侧采用施密特触发器能提高抗干扰能力。

对于远距离传输或传输途经强噪声区域时，可选用平衡输出的驱动器和平衡接收的接收器集成电路芯片，收、发信号两端都有无源电阻。选用的双绞线也应进行阻抗匹配。

3. 长线传输的阻抗匹配

长线传输时，若收、发两端的阻抗不匹配，则会产生信号反射，使信号失真，其危害程度与传输的频率及传输线长度有关。为了对传输线进行阻抗匹配，首先要估算出它的特性阻抗。

4. 长线的电流传输

长线传输时，用电流传输代替电压传输，可获得较好的抗干扰能力。例如，以传感器直接输出 0～10mA 电流在长线上传输，在接收端可并联上 500Ω（或 1kΩ）的精密金属膜电阻，将此电流转换为 0～5V（或 0～10V）的电压，然后送入 A/D 转换通道。

5.传输线的合理布局

(1)强电馈线必须单独走线，不能与信号线混扎在一起。

(2)强信号线与弱信号线应尽量避免平行走线，在条件允许的场合下，应努力使两者正交。

(3)强、弱信号平行走线时，线间距离应为干扰线内径的40倍。

(七)空间干扰抑制

空间电磁辐射干扰的强度虽然小于传导型干扰，但因为系统中的传输线以及电源线都具有天线效应，不但能吸收电磁波产生干扰电动势，而且能自身辐射能量，形成电源线及信号线之间的电场和磁场耦合。防止空间干扰的主要方法是屏蔽和接地，要做到良好屏蔽和正确接地，需注意以下问题：

(1)消除静电干扰最简单的方法是把感应体接地，接地时要防止形成接地环路。

(2)为了防止电磁场干扰，可采用带屏蔽层的信号线（绞线型最佳），并将屏蔽层单端接地。信号少时采用双绞线，5对以上信号线尽量采用同轴电缆传送，建议选用通信用塑料电缆，因为这种电缆是按照抗干扰要求设计制造的，对于抗电磁辐射、线间分布电容及分布电感均有相应的措施。短距离传送可以用扁平电缆，但为了提高抗干扰能力，应将扁平电缆中的部分线作为备用线接地。

(3)不要把导线的屏蔽层当作信号线或公用线来使用。

(4)在布线方面，不要在电源电路和检测、控制电路之间使用公用线，也不要在模拟电路和数字脉冲电路之间使用公用线，以免互相串扰。

(八)软件抗干扰技术

各种形式的干扰最终会反映在系统的微机模块中，导致数据采集误差、控制状态失灵、存储数据被篡改以及程序运行失常等后果。虽然在系统硬件上采取了上述多种抗干扰措施，但仍然不能保证万无一失。因此，软件抗干扰措施的研究越来越受到人们的重视。

1.实施软件抗干扰的必要条件

软件抗干扰属于微机系统的自身防御行为。采用软件抗干扰的必要条件包括：

（1）在干扰的作用下，微机硬件部分以及与其相连的各功能模块不会受到任何损毁，或易损坏的单元设置有监测状态可查询。

（2）系统的程序及固化常数不会因干扰的侵入而变化。

（3）RAM 区中的重要数据在干扰侵入后可重新建立，并且系统重新运行时不会出现不允许的数据。

2. 数据采样的干扰抑制措施

（1）抑制工频干扰。工频干扰侵入微机系统的前向通道后，往往会将干扰信号叠加在被测信号上，特别当传感器模拟量接口是小电压信号输出时，这种串联叠加会使被测信号被淹没。要消除这种串联干扰，可使采样周期等于电网工频周期的整数倍，使工频干扰信号在采样周期内自相抵消。实际工作中，工频信号频率是变动的，因此采样触发信号应采用硬件电路捕获电网工频，并发出工频周期的整数倍的信号输入微机。微机根据该信号触发采样，这样可提高系统抑制工频串模干扰的能力。

（2）数字滤波。为消除变送通道中的干扰信号，在硬件上常采取有源或无源 RLC 滤波网络实现信号频率滤波。微机可以用数字滤波模拟硬件滤波的功能。

① 防脉冲干扰平均值滤波。前向通道受到干扰时，往往会使采样数据存在很大的偏差，若能剔除采样数据中个别错误数据，就能有效地抑制脉冲干扰。采用"采四取二"的防脉冲干扰平均值滤波的方法，在连续进行 4 次数据采样后，去掉其中最大值和最小值，然后求剩下的 2 个数据的平均值。

② 中值滤波。对采样点连续采样多次，并对这些采样值进行比较，取采样数据的中间值作为采样的最终数据。这种方法也可以剔除因干扰产生的采样误差。

③ 阶递推数字滤波。这种方法是利用软件实现 RC 低通滤波器的功能，能很好地消除周期性干扰和频率较高的随机干扰，适用于对变化过程比较慢的参数进行采样。

（3）宽度判断抗尖峰脉冲干扰。若被测信号为脉冲信号，由于在正常情况下，采样信号具有一定的脉冲宽度，而尖峰干扰的宽度很小，因此可通过判断采样信号的宽度来剔除干扰信号。首先对数字输入口采样，等待信号的上升沿到来（设高电平有效），当信号到来时，连续访问输入口 n 次，若 n 次访问中，该输入口电平始终为高，则认为该脉冲有效。若 n 次采样中有不为高电平的信号，则说明该输入口受到干扰，信号无效。这种方法在使用时，应注意 n 次采样时间总和必须小于被测信号的脉冲宽度。

（4）重复检查法。这种方法是一种容错技术，是通过软件冗余的办法来提高系统的抗干扰特性，适用于缓慢变化的信号抗干扰处理。干扰信号的强弱不具有一致性，因此，对被测信号多次采样，若所有采样数据均一致，则认为信号有效，若相邻两次采样数据不一致，或多次采样的数据均不一致，则认为是干扰信号。

（5）偏差判断法。有时被测信号本身在采样周期内产生变化，存在一定的偏差（这往往与传感器的精度以及被测信号本身的状态有关）。这个客观存在的系统偏差是可以估算出来的。当被测信号受到随机干扰后，这个偏差往往会大于估算的系统偏差，可以据此来判断采样是否为真。其方法是：根据经验确定两次采样允许的最大偏差，然后再进行判断。

3. 程序运行失常的软件抗干扰措施

系统因受到干扰侵害致使程序运行失常，是由于程序指针被篡改。当程序指针指向操作数，将操作数作为指令码执行时，或程序指针值超过程序区的地址空间，将非程序区中的数据作为指令码执行时，都将造成程序的盲目运行，或进入死循环。程序的盲目运行，不可避免地会盲目读 / 写 RAM或寄存器，而使数据区及寄存器的数据发生篡改。对程序运行失常采取的对策包括：

（1）设置 Watch dog 功能，由硬件配合，监视软件的运行情况，遇到故障进行相应的处理。

（2）设置软件陷阱，当程序指针失控而使程序进入非程序空间时，在该空间中设置拦截指令，使程序避免陷入陷阱，然后强迫其转入初始状态。

（九）铁氧体插损器

1. 铁磁性材料（铁氧体）特性

在抑制电磁波辐射干扰时，经常利用铁磁性材料的特性来达到抗干扰设计的要求，用得最多的一种铁磁性材料就是铁氧体材料。铁氧体材料常常被制作成各种各样的屏蔽腔体或屏蔽构件，以达到抑制干扰的设计要求。铁氧体材料最重要的特性就是它的复磁导率特性。复磁导率与铁氧体材料的阻抗有着非常紧密的联系。铁氧体材料的应用范围主要有以下三个方面：

（1）低电平信号系统中的干扰抑制。

（2）电源系统中的干扰抑制。

（3）电磁辐射干扰的抑制。

不同的应用对铁氧体材料的特性以及铁氧体的形状有着不同的要求。在低电平信号的应用中，要求的铁氧体材料的特性由磁导率来决定，并且铁氧体材料的损耗越小越好，同时还要求其具有良好的磁稳定性，也就是说，随时间和温度的变化，铁氧体的磁特性变化越小越好。这种铁氧体的应用范围有：高电荷量的电感器、共模电感器、宽带匹配脉冲变压器、无线电发射天线、有源发射机和无源发射机。

在电源系统应用方面，要求铁氧体材料在工作频率和温度特性上，具有很高的磁通密度和很低的磁损耗特点。在这方面的应用范围包括开关电源、磁放大器、DC-DC 变换器、电源小型滤波器、触发式线圈和用于车载电源蓄电池充电装置中的变压器。

2. 磁导率对电磁干扰的影响

在应用铁氧体抑制电磁干扰方面，对铁氧体性能影响最大的是铁氧体材料的磁导率特性。磁导率与铁氧体本身的特性阻抗有着密切的关系，它们之间存在着正比关系。铁氧体一般通过三种方式来抑制传导或辐射电磁干扰。

第一种方式，是将铁氧体制成实际的屏蔽层来将导体、元器件或电路与周围环境中的杂散干扰电磁场隔离开，但这种方式不常用。第二种方式，是将铁氧体用作电容器，形成低通滤波器的特性。在低频段提供衰减较小的感性—容性通路，而在较高的频段范围内衰减较大，这样就抑制了较高频段范围内的电磁干扰。第三种方式，也是最常用的一种应用方式，就是将铁氧体制成铁氧体芯，单独安装在元器件的引线端或电路板上的输入 / 输出引线上，以达到抑制辐射干扰的目的。在这种应用中，铁氧体芯能够抑制任何形式的寄生电磁振荡、电磁感应、传导辐射等在元器件引线端或与电路板相连的电缆芯线中的干扰信号。

在第二种和第三种方式的应用中，就是利用铁氧体芯能够消除或衰减出现在源端的电磁干扰的高频电流，达到抑制传导或辐射干扰的目的。铁氧体材料具有在高频段能够提供足够高的高频阻抗来减小高频干扰电流这一特性。从理论上来讲，较为理想的铁氧体能够在高频段范围内提供较高阻值的阻抗，而在其他频段上提供低值阻抗。但是在实际中，铁氧体芯的阻抗值是随着频率变化而变化的，一般情况下，在低频段范围内（低于 1MHz），不同材料的铁氧体，给出的最高阻抗值在 $50 \sim 300\,\Omega$ 之间。在频率为 10M ~ 100MHz 的范围内，会出现更高的阻抗值。

铁氧体的复磁导率参数是一个非常重要的参数，它的大小直接影响着铁氧体材料抑制电磁干扰性能的好坏。为了研究问题方便，同以往的电压、电流参数一样，使用复参量来表示磁导率更为实际，称为复磁导率。材料的复磁导率由两部分组成，即实部和虚部。实部的变化与磁场变化保持同相，虚部的变化与磁场变化保持反相。所谓同相是指磁感应强度与磁场强度能够同时达到最大值和最小值，即保持同相；反相是指磁感应强度与磁场强度的相位相差 $90°$。

当铁氧体材料用于低电平信号系统和低功率电源系统时，所涉及的频率参数都低于上述频率值，因此，应用在低电平信号系统和低功率电源系统方面时，很少讨论铁氧体磁导率和磁损耗等参数。当应用在高频环境中时，例如，用于抑制电磁干扰方面，就必须给出铁氧体磁导率或磁损耗的频率特性参数。

3. 铁氧体的特性阻抗

在大多数情况下，由于测量复磁导率值非常困难，而测量阻抗却非常容易，因此在抑制电磁干扰方面常常给出铁氧体的特性阻抗参数。因为铁氧体材料的特性阻抗也是频率的函数，所以只在几个频率点上给出特性阻抗值是不能全面反映材料的频率特性的，同时只有复阻抗矢量的标量幅值而没有相位值也是不够的。为了完整地反映铁氧体材料的特性，必须知道材料的复阻抗的幅值和相角参数。在选用铁氧体材料时，应预先知道下面几个方面的内容：

（1）干扰信号的频率范围及功率大小。

（2）电磁干扰源（辐射源或传导源）的性质。

（3）工作条件或工作环境。

（4）系统中连接器或滤波器周围存在多个回路和器件引线引脚时，是否需要高阻抗。

（5）电路输入和输出阻抗、电源和负载等。

（6）工作时应考虑的衰减量。

（7）系统中可用的空间。

4. 铁氧体插损器件及应用

铁氧体插损器件就是利用铁氧体材料制成的，它是在不同频段内具有不同插入损耗值的一种器件，可以作为电缆和连接器等来抑制射频干扰。这种器件最简单、最方便和最有效，因而被广泛使用。其既可衰减射频干扰信号，也可在不降低直流或低频信号能量的情况下，抑制无用的高频振荡信号。

铁氧体的基本成分是氧化铁和一种或多种高能量材料，最常用的是锰、锌、钴、镍等。可以选用现有的各种形状和尺寸的铁氧体器件，在特殊情况下也可以制出需要的形状和尺寸。影响铁氧体抑制干扰性能的参数主要是电、磁和结构关系的性能特征参数。目前有多种不同的计算公式和性能级别判定规则，每一种公式都有对应的量子比。最常用的表示铁氧体抑制干扰性能的参数是磁导率，它是磁感应强度与磁场强度的比值。材料通常根据初始的磁导率来分类。在常用的射频频段范围，从10MHz～1GHz，高频寄生频率是主要考虑的因素。选用一定的铁氧体材料，能非常有效地抑制高频寄生频率的干扰信号。例如，当微处理器主频率高于100MHz时，高频寄生干扰信号的频率最大可达700MHz。

选择铁氧体插损器件时，要根据不同频段的敏感度来进行匹配。当安装了铁氧体插损器件时，低频信号的损耗非常小，能够顺利通过，信号能量不会有明显的降低，但对频率较高的信号，铁氧体对其产生比低频区域更高的阻抗，从而有选择地抑制掉高频干扰信号。为了理解铁氧体插损器件在各种实际工程中的应用，下面给出具体的在应用中需要确定的因素：

（1）需要最大衰减的频率范围。

（2）需要衰减的大小。

（3）铁氧体磁导率与相关频段特性。

(4) 铁氧体器件与需要解决的问题的匹配性（例如，预期的衰减性能波动范围）。

(5) 安装环境和结构形状的匹配要求。

要求衰减的频率范围必须对应于给定铁氧体器件的特性。这种特性要求，对需要抑制的干扰信号要有最大的衰减值。即便是同一种铁氧体器件，当源阻抗和负载阻抗改变时，铁氧体器件所能提供的插入衰减量也会随之做相应的改变。当源阻抗和负载阻抗为低阻抗时，铁氧体器件则更加有效。例如，将阻抗为 500Ω 铁氧体器件用于阻抗为 50Ω 的电路中，插入衰减值为21dB。同一种铁氧体器件如果应用于阻抗为 1Ω 的电路中，则插入衰减值就为54dB，提高了33dB。

对于高阻抗电路，可以在铁氧体器件上增加绕制匝数或增加铁氧体数量来获得相同级别的插入衰减值。通过增加穿过铁氧体器件的绕制匝数来增加有效磁通，阻抗以匝数 n 的平方级增加，例如，绕制的匝数为2，阻抗增加4倍，绕制的匝数为4，则阻抗增加16倍。当铁氧体器件的体积增加时，阻抗成正比增加。例如，当铁氧体器件的体积增加了100%时，则阻抗一般情况下也会增加100%。

由铁氧体材料制成的插入衰减器（铁氧体插损器）的使用与安装非常便捷，只须扣在需要抑制干扰的控制线或电缆线上即可，还可以安装在线缆的端接处。在电缆通道上辐射信号的频率通常都会超出30MHz，这样的电缆起着辐射天线的作用。另外，系统中的电子线路在传输高速的信号时，由于其传输通道具有传输线的特性，系统中的电子线路成为性能极佳的天然辐射天线，这样的辐射天线会传导、辐射、接收不需要的高频干扰信号。解决的方法是将铁氧体插损器放置在正确位置，干扰信号便可以得到有效抑制。

较为常用的铁氧体插损器是一种对开式的插损器，它使用安装非常方便，适用于许多场合。对开式铁氧体插损器具有较高的磁导率，相对铁氧体滤波器来讲性能较为稳定，不会有较高的涡流损耗，与其他材料制成的插损器相比，铁氧体材料单位体积的阻抗值可以做到非常高，这是铁氧体材料的最大优点。

第五节 电气自动化控制系统的应用

一、电气自动化控制系统在工业领域中的应用

近年来，自动化技术相较于传统人工方式，能极大程度地提高效率和质量，已在各大工业领域的生产加工过程中取得了广泛的应用。

(一) 供暖节能领域的应用

近年来，电气自动化控制系统在供暖领域中已得到了充分的应用。借助电气自动化控制系统的监测功能，工作人员可实时获取供暖设备的压力、流量、温度等参数，从而掌握供暖网络各环节设备的运行态势，并进一步对整个供暖系统进行全局、宏观层面上的调控，进而避免水压、流量不平衡或温度分布不均等现象的发生。此外，还可根据用户的不同需求调节供暖时间和供暖强度，实现个性化、智能化的供暖。可见，电气自动化控制技术可通过提高生产效率有效降低消耗的能源，并通过科学调配减少燃烧过程中产生的有害气体，有效减少大气污染。更为重要的是，电气自动控制技术能有效规避供暖过程中安全事故的风险，工作人员可对每一个供暖设备的各项参数定义危险阈值，在参数超过该阈值时发出警告，并自动对参数进行调整，使其恢复到正常的范围内。

(二) 煤矿开采领域的应用

随着煤矿开采日趋现代化，电气自动控制技术在煤矿开采中得到了普遍应用。电气自动控制的优势已在多种矿井设备上得到了体现。对矿井提升机进行电气自动控制，可稳定且高效率地完成对采矿中重要的材料和人员的运输。对皮带输送机进行电气自动控制，可监测到长距离皮带输送过程中，诸如跑偏、打滑及撒料等的异常情况，降低安全事故发生的概率；同时，可根据运输煤矿的重量自动调整皮带输送机的运行速度，使输送机更加节能，提高设备效率。对井下水泵进行电气自动控制，可根据水仓现有水位自动调节抽水泵的运行状态，在无须人员值守的情况下有效降低煤矿水害发生的概率。

(三) 供配电领域的应用

电气自动控制技术在供配电领域同样取得了广泛的应用。由于供配电系统本身由大量的电气设备组成，包含大量的参数，应用电气自动控制技术能够有效减少对系统的管理成本，通过对生产电力资源的合理分配，从而提升系统的整体效率；还能根据用户的实际用电需求，及时调整电气设备的运行状态、疏通电路，保证用户的供电稳定。除此之外，大部分电气设备存在一定的电磁干扰及安全风险，而电气自动控制技术提升了系统整体的安全性，通过实时参数监控，及时发现系统中存在安全风险的电气设备，降低故障发生的概率；即使出现故障，也能及时发现并对其进行调整和修复，从而保障供配电过程的安全。

(四) 化工生产领域的应用

由于化工领域的生产环境多为高温、高压，生产线涉及很多大型生产设备，且生产原料以及生产产品大多是易燃易爆物，一旦发生安全事故，将会造成严重的后果，不仅极易对生态环境造成严重的破坏，还会造成大规模的人员伤亡。此时，电气自动控制技术极大程度地提升了化工生产自动化控制水平，在整个化工行业中得到了较为广泛的应用。电气自动控制技术可以对化工生产过程中的各大参数进行实时监测，为后续生产提供数据指导。在化工生产实践中，电气自动控制技术不仅可以保证化工产品的质量，还可以极大地提高化工生产过程的安全性。

(五) 污水处理领域的应用

电气自动控制技术对于污水处理过程而言极其重要。从污水处理技术来看，电气自动控制技术可以通过 PLC 控制系统掌握各项污水数据信息，提高污水厂的工作质量，得到准确的相关参数并及时地分析污水处理过程。此外，电气自动控制技术对污水处理流程、现场施工情况、数据参数等进行采集，从而提高工作效率。

二、电气自动化控制系统在农业生产中的应用

据相关调查显示，电气自动化控制系统被广泛应用到农业生产中，电气自动化控制系统在很大程度上加快了农业生产机械化的进程，提高了粮食产量，减少了粮食的浪费情况。与此同时，电气自动化技术提高了农业机械装备的可操作性，比如谷物干燥机和施肥播种机的电气自动化应用技术。另外，在微灌技术领域中，还要注意对微喷灌设备、滴灌设备的改进，从而保证部分地区实现自动化灌溉系统，提高粮食的产量。

三、电气自动化控制系统在服务行业中的应用

近年来，随着人们物质生活水平的不断提高，人们对服务业的要求越来越高。企业为了提高自身的服务质量，应该重视电气自动化控制技术，更好地为人们提供优质的服务。在日常生活中，电子产品被越来越多的人使用，电子产品中也应用了电子自动化控制技术，如手机、电脑、跑步机、电梯等，这些电子产品给人们带来了很大的便利。再如，在自动取款机上也使用了电气自动化控制技术，有效地提高了银行的服务效率。

四、电气自动化控制系统在电网系统中的应用

目前，电气自动化控制技术也被广泛应用到电网系统中。电气自动化控制系统在电网系统中的应用主要指的是通过计算机网络系统、服务器等来实现电网调度自动化控制的目的。在具体电网系统中，通过电网的调动自动化技术，能够实现对相关数据的采集和整理，从而分析出电网的运行状态。

总之，电网系统中使用电气自动化控制技术，顺应了时代发展的步伐，因此，相关研究人员应该加大对电气自动化控制技术在电网系统中应用的研究力度。

五、电气自动化控制系统在公路交通中的应用

随着我国交通行业的快速发展，电气自动化控制系统已被广泛应用到公路交通中。人们物质生活水平越来越高，私家车的拥有量也变得越来越大，这给私家车的技术提出了更高的要求，很多汽车厂家都在使用自动化控

制技术，只有这样才能保证自身的市场竞争地位。除此之外，电子警察、交通灯系统也在使用电气自动化控制技术，这给公路交通管制提供了较多的便利。

六、电气自动化在石油化工行业的具体应用

电气自动化技术是充满活力的一项先进技术，有非常广阔的发展前景。在电气工程中，电气自动化已经得到了普遍的应用，而且在很多其他的行业和相关领域也得到了高度的重视，像我们平时生活中经常见到一些电气的开关和飞机等交通工具的制造等。可以看出，在我们日常的生产和生活中电气自动化技术都占有非常重要的地位，发挥着巨大的作用。石油化工行业普遍运用电气自动化，可以生产出各式各样的产品，可以提供给其他的生产制造领域。现阶段，我国的经济不断发展，使得工业生产领域的规模也在逐渐发展扩大，石油化工行业也会有更多更高的发展要求，对产品的需求量不断提高，因此要科学地运用电气自动化。石油化工行业开始广泛运用电气自动化，通常情况下主要集中在三个方面，分别为：生产操作、产品集输、物料调度。

（一）生产操作方面

众所周知，从中华人民共和国成立以来，我国的石油行业就一直在发展。经过调查发现，在过去，虽然石油化工行业也进行了自动化改革，但一直都是治标不治本，整体操作依然遵循粗放式的管理。不仅如此，石油化工企业并没有制定一个简洁明了的生产流程，这就会造成工作人员的生产质量参差不齐，而且生产效率低下。这样做的后果就是最终企业在进行管理时更加杂乱无章、无从下手。如果将电气自动化引入到石油化工行业的话，就可以对石油化工所需要的生产操作进行流程化处理，利用机器来代替人工进行生产操作，不仅可以减少人工成本，还能够大大提高石油化工行业的生产效率与生产质量。

（二）产品集输方面

如今企业能够快速发展主要是因为科学技术的广泛使用能够大大加快

企业的运行效率，因此，现在的企业很多都在"去库存"。去库存是指企业将产品生产出来后并不需要在库房存储，而是直接打包运输给买方。这样做的好处是不仅可以保证产品的质量，还能够加快企业的资金流转，促进企业的发展。石油化工企业也可以利用这样的方式，将产品及时配送到相应的地点。但是这其中面临着这样一个问题，石油化工产品的集输系统如果依然还沿用传统的运输方式，就无法满足发展的需求。因此，集输系统应该加快改进其工作效率，而电气自动化的相关运用正好可以满足石油化工行业在这方面的要求。电气自动化的广泛应用主要有以下两点优势：第一，它可以自动化地集中运输产品，提高运输产品的工作效率；第二，可以有效减少石油行业的投资成本，不过多地储存产品，能够给石油行业带来更多的经济利益，促进石油行业的发展。

（三）物料调度方面

石油行业不同于其他行业，生产出来的大多数产品都具有腐蚀性和危险性，要加强对产品的管理和储存，否则可能会发生危险事故。这就使得石油化工行业的工作人员要比普通人更易面临安全的风险。将电气自动化引入石油化工行业，可以很好地解决这一问题，工作人员无需再遭受有毒有害产品对自身健康的侵害。不仅如此，电气自动化技术还能够提高物料的运输效率，从而能够确保准时地供应物料，可以保证石油行业更好、更顺利地发展。

第三章　城市轨道交通车辆电气控制系统

第一节　城市轨道交通车辆电气控制系统基础

一、城市轨道交通车辆电气控制系统概述

城市轨道交通车辆控制系统根据运营系统给出的命令对各功能子系统进行调控，并在各个功能级上（如牵引控制、制动控制等）保证列车运行要求的实现。其主要特征是控制，即控制策略和控制手段的实现。数学模型化的控制方法和传统的乘客导向系统调节在城市轨道交通车辆控制中已经取得了重要的成果，但是控制参数的多变性和离散性，以及系统的非线性和子系统结构的可变性，加大了乘客导向系统调节的复杂性和困难程度。因此，利用人工智能原理的各种控制方法，特别是在网络环境下的控制方法，也逐步应用于车辆控制系统中。

城市轨道交通车辆控制系统或者列车和外围系统的接口，都是通过无线方式与地面联网，以满足整个运营系统调控和旅客信息服务的要求。因此，城市轨道交通车辆需要提供一个良好的人机界面，使驾驶员能随时了解整个列车的运行状态和各主要单元部件的工作状态，以便在必要时进行人工干预。城市轨道交通电动列车驾驶员在操作时，只需发出一些简单的命令，而不必知道命令由谁来执行。

城市轨道交通车辆需要用系统操作软件和大容量存储器的高级控制机（微机控制系统）作为控制核心，并选择传送信息量大且具有实时性的网络（总线控制）来连接它们，以保证网络连接和实时响应。在车辆控制系统中，还需要直接面向现场完成 I/O（输入/输出）处理，并用能实现直接数字控制的智能化装置，将现场的各种实时过程变量转换为数字量。

二、城市轨道交通车辆电气部件与设备

城市轨道交通车辆电气控制系统由车辆上的各种电气部件、设备及其

控制电路组成。城市轨道交通车辆内部设备包括：服务于乘客的车体内固定附属装置和服务于车辆运行的设备。服务于乘客的设备有客室照明、通风、空调、座椅、扶手等；服务于车辆运行的设备有蓄电池箱、继电器箱、主控制箱、电动空气压缩机组、总风缸、电源变压器、各种电气开关和接触器等。除此之外，还有保证列车安全、正常、舒适运行的其他系统，如列车诊断系统、列车自动控制系统（ATC）、通信系统等。

第二节　城市轨道交通车辆电气控制系统主要部件功能

　　城市轨道交通车辆电气控制系统部件是用来对城市轨道交通车辆以及其他的牵引设备进行切换检测、控制、保护和调节的电器及装置，称为牵引电器。牵引电器的工作条件和环境较为恶劣，如长时间受振动干扰、受灰尘侵蚀，工作环境温度和湿度变化范围大，工作电压和电流变化范围大，并且受安装位置和空间的限制。为有效利用空间，便于检修，电器外形多呈平整的箱状且宽度小，以便将电器尽可能成列布置。电器结构方面要便于更换触头、弹簧和其他易磨损的零件。在零件的机械与电气强度方面，要求在电器操作次数频繁时仍有较大的安全因数，同时必须保证有最大的可靠性。
　　牵引电器一般分为主电路电器、控制电路电器和辅助电路电器三大部分。

一、主电路电器

　　城市轨道交通车辆主电路电器主要包括受电弓、高速断路器、主接触器、线路滤波器、制动电阻器、平波电抗器、浪涌电压吸收器和接地装置等。

　　（一）受电弓

　　1.城市轨道交通车辆的供电与受流
　　因为地铁和轻轨交通运输对速度的要求不高，所以常采用直流供电。直流供电的电压制式较多，其发展趋势是采用国际电工委员会（IEC）标准中的 DC600V、DC750V 和 DC1500V 三种，我国国家标准《城市轨道交通直流牵引供电系统》（GB/T 10411—2005）中规定采用 DC750V（波动范围 500～900V）和 DC1500V（波动范围 1000～1800V）两种。

我国常用的供电方式有接触网供电和接触轨供电两种。电动列车的受流方式依据供电方式的不同分为接触网受流和第三轨受流。接触网供电是指通过沿轨道线路上空架设的特殊输电线向行走在线路上的电动列车不间断地供应电能。电动列车利用顶部的受电弓与接触网滑动摩擦而获得电能。接触轨供电是指在列车行走的两条路轨以外，再加上带电的钢轨（一般使用钢铝复合轨）供电。带电钢轨设于两轨之间或其中一轨的外侧。列车受流器（集电装置，也叫集电靴或取流靴）在带电轨上接触滑行取流。

通常城市轨道交通车辆在电网电压为 1500V 时多采用架空接触网形式，由安装在车辆顶部的受电弓集电。当电网电压为 750V 及以下时，较多由第三轨受电。例如，北京地铁、天津轻轨均采用 DC750V 电压、第三轨供电方式；上海地铁、广州地铁的大部分线路采用 DC1500V 电压、高架接触网供电方式。

2. 受电弓的结构组成

受电弓是城市轨道交通车辆的受流装置，安装在与车体几何中心点最近的车顶上部。当受电弓升起时，弓与网接触滑行，从接触网受取电流，通过车顶母线传送到车辆内部，供车辆设备使用。受电弓根据驱动力的不同分为气动弓和电动弓两类。气动弓使用较普遍，故本书以气动弓为例进行分析。

城市轨道交通车辆的受电弓为单臂、轻型结构。在 4M2T 编组的列车中，受电弓一般安装于 B 车车顶；在 2M2T 编组的列车中，受电弓一般安装于 A 车车顶。

单臂受电弓基础框架由方形的中空钢管、角钢及钢板的焊接构件组成，支持绝缘子固定安装在车顶，作为框架、轴承、下部导杆的轴承滑轮、拉伸弹簧的悬挂及气压升弓传动装置的支承和安装部分。框架包括下部支杆、下部导杆、上部支杆和上部导杆，框架用高强度冷拔无缝钢管制作。高度止挡安装在下部导杆侧下方的基础框架上，用以限制受电弓的升弓高度不超过2050mm（从绝缘子的下部边缘测量起），保证受电弓垂向不产生位移。高度止挡可用受电弓两侧的两个螺栓及沉头螺母调节，最高位时两个螺栓同时与底架接触。弓头是弓与网相接触的部分，主要由集流头、接触带、转轴、端角和弹簧盒组成。集流头为轻型钢结构，接触滑块共两对，为人工石墨材料，每对两条，总计四条碳滑块。端角是为了防止在接触网分叉处接触导线进入集流头底部而造成刮弓事故。弹簧盒的作用是保证弓头的垂向自由度。整个受电弓安装在四个绝缘子上。绝缘子用 M20 的不锈钢螺母安装在车顶。升降弓装置由传动风缸、拉伸弹簧及气路电磁阀组成。组件是由软编织铜线制成的电流传送装置。

3. 受电弓的工作原理

受电弓靠滑动接触受流，是移动设备与固定供电装置之间的连接环节，其性能的优劣直接影响城市轨道交通车辆工作的可靠性。对受电弓受流性能的基本要求是：集流头与接触网接触可靠，磨耗小；升降弓时对车顶设备不产生有害冲击；运行中受电弓动作轻巧，动态稳定性能好。为此，在接触导线高度允许变化的范围内，要求受电弓滑板对接触导线有一定的接触压力，且升降弓的过程应具有先快后慢的特点，即升弓时集流头离开基础框架要快，贴近接触导线要慢，以防止弹跳；降弓时，弓与网的脱离要快，落在基础框架上要慢，以防止拉弧及对车顶产生有害的机械冲击。

受电弓的提升依靠升弓弹簧完成，降弓是通过传动风缸内部的降弓弹簧来实现的，其中压缩空气在传动风缸的充气及排气决定了受电弓的升与降。

（1）升弓过程。在列车及驾驶控制台激活的情况下，按下副驾驶控制台受电弓升弓按钮，相应的升弓电路工作，升弓电磁阀得电动作，打开风源至传动风缸的通路，传动风缸充气后压缩其内部的降弓弹簧，在升弓弹簧的作用下克服自身重力升起。

风路系统的工作过程：压缩空气经升弓电磁阀进入空气过滤器，由过滤器除水、除尘并净化，通过空气管路进入升弓节流阀。升弓节流阀调节压缩空气的流速，以确保受电弓的升弓速度，再经精密调压阀对压缩空气进行调节，以保证弓对网的工作压力。此压缩空气再经降弓节流阀后的安全阀，以保证工作压力不超过规定压力。压缩空气最终到达车顶受电弓风缸。

压缩空气经过空气管路和气动元件进入升弓风缸后，推动活塞动作，将压缩空气能量转化为气缸活塞的直线位移。驱动转臂将活塞直线位移转化成转臂的旋转运动，转臂带动下部导杆向上旋转，上部框架在导杆的作用下做逆转运动，使集流头升起。弓头上的集电装置在上框架导杆的作用下保持水平上升，以确保与接触网的接触良好。

升弓初始时，降弓弹簧的压力最小，因此克服该力所需的风压较小，此时节流阀进出风压差最大，所以此时传动风缸的活塞杆左移较快。随着弓不断升起，降弓弹簧的压力不断增大，克服该力所需的风压也不断增大，而且此时节流阀口的风压差不断减小，所以活塞杆左移渐慢，升弓速度也渐慢，这样就可避免升弓时弓对网造成过分冲击。可以通过改变节流阀口的大小来初步调整升弓时间。

（2）降弓过程。在列车及驾驶控制台激活的情况下，按下副驾驶控制台受电弓降弓按钮，电磁阀失电复位，风源停止向传动风缸供风，同时将压缩空气排向大气，受电弓在降弓弹簧及自身重力的作用下降到最低位置。

降弓过程分为两个阶段，即先快后慢。降弓时，当电磁阀失电，传动风缸内的压缩空气经快排阀口排出。随着传动风缸内压缩空气压力骤然下降，压力差不足以克服快排阀弹簧的作用，快排阀活塞上移，使快排阀口关闭。此时传动风缸内的残余风在节流阀口徐徐排出。降弓初期弓与网快速分离，可以避免降弓过程中产生电弧，灼伤；接触滑块接近车顶时速度变缓，可保证降落到落弓位时不会对车顶产生过大冲击。通过改变节流阀口的大小，调节快排阀弹簧的压缩量，可以控制快排时间的长短，从而调整降弓时间。

（3）紧急操作。当车辆有压缩空气，但气压不足时，受电弓也可以手动升弓。此时使用车厢设备柜中的脚踏泵，同时手动或电动控制电磁阀开通风路，人工踩压脚踏泵打风，至风压足以升起受电弓为止。

（二）高速断路器（HSCB）

HSCB 安装在含有受流装置车辆的底部高压箱内。以 P 公司生产的 A 型车为例，其 HSCB 安装在载客车的 PH 箱内，每辆动车配置一个，正常状态下通、断车辆主电路（DC1500V 电路），在车辆发生故障时执行保护指令，切断动力电源。因此，HSCB 既是主电路的总电源开关，也是总保护开关。

1. HSCB 的主要特点

（1）对地有很高的绝缘等级。高速断路器正常接在车辆的牵引主电路上，电压高、电流大，因此其绝缘结构应选取有很高绝缘等级的材料。

（2）分断能力强，响应时间短。高速断路器既是电路的总电源开关也是总保护开关。为有效、可靠地保护其他用电设备，高速断路器必须动作迅速、可靠，并具有足够的断流容量。它的限流特性和高速切断能力能防止短路或过载引起的用电设备毁坏。

（3）不受气候条件的影响。高速断路器集成安装于箱中，可以节省车下空间，并且与外界环境隔离。

（4）使用寿命长。

（5）易于维护。

2. HSCB 的结构

现以上海地铁 1 号线地铁车辆用高速断路器为例进行结构与工作原理分析。上海地铁 1 号线使用的是 TSE1250-B-I 型高速断路器，它是一种电磁控制自然冷却的单极直流断路器，安装在 B 车上。

TSE1250-B-I 型高速断路器包括基架、短路快速跳闸（KS）装置、过载跳闸（S）装置、合闸装置和灭弧栅片。

高速断路器的主要构件有：触头系统、灭弧机构、传动机构、自由脱扣机构、最大电流释入器、最小电压释入器和辅助开关。

（1）触头系统：动、静触头采用双极串联形式，触头的接触形式采用线接触，接触面大，磨损较小，制造方便。触头制成单独零件，便于更换。

（2）灭弧机构：采用串封闭式导弧角。

（3）传动机构：用来操纵主触头闭合。传动形式有手动传动和电磁机构传动。

（4）自由脱扣机构：位于传动机构与主触头之间，用来保证当电路发生短路时，传动机构还能起作用，高速开关能够可靠地开断电路。

（5）最大电流释入器：过载时通过拉杆作用于自由脱扣机构而开断，短路时直接撞击锁钩开断电路。

（6）最小电压释入器：通过电磁机构作用，衔铁直接作用在锁钩上，使锁钩释放，主触头在开断弹簧作用下开断电路。

（7）辅助开关：用于联锁、指示、控制。

3. HSCB 的工作原理

高速断路器的通断由高速断路器按钮控制。按下高速断路器按钮，列车控制线路工作，断路器线圈得电工作，带动机械锁位装置动作，高速断路器转至"合"位并保持不变。分断时，欠电压脱扣装置动作，高速断路器分断。高速断路器每极有一个带有固定脱扣整定机构的短路快速跳闸"KS"。另外，每设置一个过载跳闸"S"，其跳闸值均可通过刻度盘来调整。

当高速断路器合上以后，电流从上接线端→静触头→动触头→动触头臂→弹性连接板→下接线端产生过载跳闸（S）装置的磁场。当电流值超过其整定值时，该装置动作。通过拉杆释放锁件转换机构，转换轴转至"分"位，同时带动动触头臂，使触头分断。

在短路故障情况下，过载跳闸系统动作慢。短路快速跳闸（KS）衔铁首先动作，通过撞击螺钉，直接撞击动触头臂，由转换杆和滚轴之间的专用压紧装置迫使动触头快速分断。由于 KS 装置的作用，操纵短路快速跳闸拉杆转换机构解锁，转换轴转至"分"位，同时带动动触头臂。

触头分断产生的电弧由电磁系统吸入灭弧删片内进行分割、冷却。此外高速断路器合闸线圈设计为短时工作制，其线圈只能短时通电（到合闸位靠机械联锁），断路器触头闭合后线圈不再通电，断路器分断之后再次合闸要求时隔 2min 以上。

（三）主接触器

接触器按通断电路电流的种类可分为直流接触器和交流接触器，按主触头数目可分为单极接触器（只有一对主触头）和多极接触器（有两对以上主触头），按传动方式可分为电空接触器和电磁接触器等。城市轨道交通车辆的主接触器是一种用来频繁地接通和切断主电路的自动切换电器，它的特点是能进行远距离自动控制，操作频率较高，通断电流较大。

现以上海地铁 1 号线电动车辆 BMS.15.06 型单极直流电磁接触器为例，说明其工作原理及结构。

1. 电磁接触器的结构组成

电磁接触器一般由电磁机构、主触头、灭弧装置、辅助触头、支架和固定装置等组成。电磁机构包括铁芯、带驱动杆的螺旋纹圈和盖板。主触头用来通断电路，触头为镀银球面。灭弧装置包括吹弧线圈和带电离栅的灭弧罩，电离栅将进入的电弧分割成一系列短弧，然后使电弧加速冷却，吹弧线圈确保快速且有效地灭弧。直流接触器设计为模块结构，外壳材料阻燃、无毒、无环境污染。

2. 电磁接触器的工作原理

接触器的电磁线圈未通电时，衔铁在弹簧力作用下保持在释放位置。当电磁线圈得电后，铁芯在电磁力作用下带动驱动杆克服弹簧力而运动。动触头在驱动杆带动下，触头上部与静触头点接触。随着驱动杆继续运动，动静触头间的压力不断增加，动触头在静触头上边滚动边滑动，进行研磨，一直到电磁力与弹簧力平衡为止。此时动静触头的接触点移到触头下部，完成触头闭合，主接触器进入工作状态。同时辅功触头依靠驱动凹轮，实现同步打开或闭合。

触头断开的过程则相反，失电后，电磁力减小，反力弹簧起作用，主触头分断，同时辅助触头的状态也相应变化。

主触头闭合时的研磨过程是将其表面的氧化物或脏物擦掉，以减小接触电阻。触头断开的弹簧力可使触头分断时所产生的电弧不致损坏正常接触点。通常弹簧采用圆柱螺旋弹簧。圆柱螺旋弹簧分为拉伸弹簧和压缩弹簧两种，BMS.15.06 型单极直流电磁接触器采用的是压缩弹簧。

（四）线路滤波器

线路滤波器包括线路滤波电抗器和线路滤波电容器，安装于主电路牵引变流器中。

1. 线路滤波器的作用

（1）滤平输入电压。

（2）抑制电网侧发生的过电压，减少其对逆变器的影响，如变电所操作过电压、大气过电压等。

（3）抑制逆变器换流引起的尖峰电压。

（4）抑制电网侧传输到逆变器直流环节的谐波电流，抑制逆变器产生的谐波电流对电网的影响。

（5）限制变流器的故障电流。

2. 线路滤波电抗器

线路滤波电抗器与线路滤波电容器构成谐振电路，用于变流器直流环节。

为保证在任何电流值时电感均恒定，电抗器采用空心线圈结构。不同生产厂家电抗器的电感量选值不同，需与线路滤波电容器的电容量相匹配。

对于网压为 DC1500V，逆变器容量在 1000kV·A 以上的系统来说，电感量一般为 5 ~ 8mH。

3. 线路滤波电容器

线路滤波电容器是一种非常特殊的直流电容器。从功能上看，它用于逆变系统的直流环节，因此称作"直流支撑电容器"；从性质上看，要求它能承受很大的谐波电流，因此称作"直流脉冲电容器"。

(五) 制动电阻器

电阻制动时，制动电阻吸收惯性转动产生的电动机发电能量，将电能转换为热能散逸到大气中去。制动电阻箱悬挂安装于车辆底架下方。风扇通过栅格过滤吸入空气，冷却制动电阻。绝缘板给不同电阻提供绝缘。热量显示盒和压力开关组成的热量监视系统用来控制制动电阻温度。

制动电阻应有充分的容量，用来承受持续制动下 100% 的制动负载，直到制动力矩升到极限。带状电阻流过制动电流转换为热能，以发热的方式传递出去。根据这一原理，制动电阻除要求有良好的热容量、耐振动外，还要求能防腐蚀，在高温下不生成氧化层，并特别要注意在正常使用周期内不断裂。

制动电阻器的主要技术参数包括：

(1) 电阻值：20℃时的阻值与热态时的阻值。

(2) 电阻材料：材质及温度系数。

(3) 功率：持续功率与短时最大功率。

(4) 最高工作温度：一般为 600℃左右。

(5) 冷却方式：多数采用强迫风冷，少数采用自然风冷。

(6) 保护形式：过热、过电流、失风 (若用强迫风冷) 保护，IP 等级 (电阻箱外观保护等级)。

(六) 平波电抗器

平波电抗器是一个带铁芯的大电感。根据电感元件隔交通直的性质以及电路的楞次定律，在牵引电动机支路串联平波电抗器后，当脉动电流流过时，平波电抗器将产生自感电动势阻止电流的变化，因而可以起到减小、抚平电流脉动的作用。

平波电抗器的电感值取值越大，电流脉动程度就越小，这对牵引电动机的工作非常有利，但平波电抗器本身的尺寸和质量也必然增大。这不仅影响车辆设备的总体布置，而且整流电流的脉动越小波形越平直，变压器一次侧电流畸变越严重，其谐波分量也相应增加，对供电系统的影响和对通信的干扰就更大，因此，对平波电抗器的选择应有一个合适范围。通常是在一定的整流电压下，先规定好整流电流的脉动系数，然后计算出不同负载下对应的电感值，再选用合适的平波电抗器。

(七) 浪涌电压吸收器 (避雷器)

浪涌电压吸收器用于防止来自城市轨道交通车辆外部的过电压 (如雷击等) 对车辆电气设备的破坏。浪涌电压吸收器与被保护物并联，当出现危及被保护物绝缘板的过电压时放电，从而限制绝缘板上的过电压值，它的保护范围应与变电所过电压保护相配合。

1.结构原理

浪涌电压吸收器安装于 B 车车顶的受电弓侧。它包括一个火花间隙和一个非线性电阻，两部分装配于一个陶瓷壳内，用法兰盘密封。外壳用硅橡胶材料或其他抗紫外线、不分解的绝缘材料制成。

在正常电压下火花间隙处于不通状态，当出现大气过电压时，发生击穿放电。当过电压达到规定值的动作电压时，浪涌电压吸收器立即动作，切断过电压负荷，将过电压限制在一定水平，保护设备绝缘。当过电压终止后，浪涌电压吸收器迅速恢复不通状态，恢复正常工作。

击穿电压的幅值同击穿时间的关系曲线称为伏秒特性。显然，要可靠地保护用电设备，浪涌电压吸收器的伏秒特性应比被保护物绝缘板的伏秒特性低，即在同一过电压作用下浪涌电压吸收器先击穿。

非线性电阻 (氧化锌) 是一种非线性电阻器，它的电阻值随电阻器两端的电压变化而变化，一般称为压敏电阻器，具有理想的伏安特性 (相当于稳压二极管的反向特性)。它在正常工作状态下呈现高阻，流过的电流非常小，可视为绝缘体。当系统出现超过电压动作值的电压时，电阻呈现低阻，流过的电流急剧增大，此时电流的增大抑制了电压的上升，使浪涌电压吸收器的残压被限制在允许值内，并将冲击电流迅速泄入地下，从而保护了与其并联的设备，避免绝缘击穿。当电压恢复到正常工作范围时，电阻呈现高阻，浪涌电压吸收器又呈绝缘状态。

2. 浪涌电压吸收器的主要技术参数

(1) 额定冲击释放电流、冲击电流、持续释放电流、短路电流。

(2) 阈值电压、冲击释放电压、直流放电电压。

(3) 爬电距离、放电距离。

(4) 伏移特性。

(八) 接地装置

1. 接地装置的功能

接地装置的主要作用是为主电路提供回流通路，使电流经轮对到达钢轨，构成 DC1500V 完整的电路，同时防止电流通过轴承造成轴承内润滑油层的电腐蚀，以提高轴承的使用寿命。

2. 接地装置的安装

接地装置安装于转向架的轮对轴端，A 车转向架第 2 轴的右侧和第 3 轴左侧轴端各安装一个；B 车和 C 车转向架第 1、3 轴的左侧轴端各安装一个，在第 2、4 轴的右侧轴端各安装一个。

二、控制电路电器

城市轨道交通车辆控制电路电器主要包括驾驶控制器装置、牵引控制系统电器和列车自动控制系统电器等。下面主要介绍驾驶控制器、速度传感器、继电器。

(一) 驾驶控制器

城市轨道交通车辆驾驶控制器为凸轮触点式控制器，有主控制手柄、方式/方向手柄、主控器钥匙、转换开关组、凸轮组、警惕开关等。面板操作部分有主控制手柄、方式方向手柄、主控器钥匙。

1. 主控制手柄

主控制手柄有"0"位、"牵引"位、"制动"位、"紧急制动"位四个位置。

"0"位——机械零位。

"牵引"位——向前推动手柄（远离驾驶员）。牵引给定值可无级输入，最前端位置为"100%牵引位"。

"制动"位——向内拉动手柄（拉向驾驶员）。制动给定值可无级输入，在"100%制动位"有一阻滞，最里端位置为"紧急（快速）制动位"，快速制动位带有限位凹槽。

2. 方式／方向手柄

方式／方向手柄用于选择驾驶方向。它有"向前"位、"0"位、"后退"位三个位置。运行方向必须在车辆运行前选择，并且到下一站前停车保持有效。

"向前"位——通过系统操作或手动控制向前运行。在制动位上通过操作主控制手柄，可摆脱 ATC 的指令进行制动。

"0"位——没有驾驶模式时被激活。

"后退"位——人工倒车模式。

方式／方向手柄与主控制手柄间存在机械联锁。只有当主控制手柄在"0"位时，方式／方向手柄才能进行向前或向后位置转换。只有选择好方向，即方式／方向手柄在非"0"位时，主控制手柄才可进行牵引或制动操作。一旦方式／方向手柄在非允许情况下改变了方向手柄的位置，则系统自动启动紧急制动。

3. 主控器钥匙

主控器钥匙用于激活驾驶台，位于驾驶控制器的右上角，有"0"位、"1"位两个位置。

"0"位——关闭位置，只能在此位置取出或插入钥匙。主控器钥匙置于"0"位时，主控器手柄和方式／方向手柄均被锁死，不能对其进行操作且都处于"0"位。

"1"位——激活驾驶台。驾驶员可进一步操作其他开关激活车辆。一旦主控制手柄和方式／方向手柄处于非"0"位，则主控器钥匙就会被锁死不

能回 "0" 位。只有当主控制手柄和方式 / 方向手柄处于双 "0" 位时，主控器钥匙开关才能从 "1" 位移回 "0" 位。

(二) 速度传感器

传感器是一种测量装置，它能感受相应的测量值，并按照一定规律转换成可用输出量 (电量)，以满足信息的传输、处理、储存、记录、显示和控制要求。

微电子技术和微处理技术的发展，使传感器出现了新的突破，从实时处理发展到信息储存、数据处理和控制。近年来，传感器在智能方面取得了较大的进展。随着轨道交通车辆的控制系统越来越复杂，自动化的程度也越来越高。为了满足控制系统的功能要求，需要检测有关部件、系统或整车的有关量，如温度、压力、应力、力矩、转速、加速度、风速、空气流量、真空度、振动以及噪声等。因此，传感器在城市轨道交通车辆上得到了广泛的应用。速度传感器安装于车辆轮轴上，提供控制系统信号的选取、转换和传输。安装于城市轨道交通车辆上的速度传感器要求性能可靠、精度高、抗干扰性强。

磁电式传感器主要用于城市轨道交通车辆的速度检测。磁电式传感器的基本原理是利用电磁感应原理，将输入机械位移转换成线圈中的感应电动势输出，它不需要外加电源。

永久磁铁、感应线圈和外壳固定不动，齿轮安装在轮对轴端随轮轴一起旋转。当齿轮随轮轴旋转时，齿轮与磁轭之间的气隙随之变化，从而导致气隙磁阻和穿过气隙的主磁通变化，在线圈中感应出电动势。

脉冲速度信号经脉冲整形放大后输出整齐的矩形波信号，并将此信号送到计数器，将频率转换成转速。

速度传感器主要包括脉冲发生器、磁轮、密封件和外盖。速度传感器的磁轮使用螺钉固定在轴箱端盖上。带有电缆接线的脉冲发生器安装在速度传感器的盖上，脉冲发生器与磁轮之间存在小气隙，要求气隙范围为 $0.4 \sim 1.4\text{mm}$。

(三) 继电器

继电器是根据外界输入的信号来控制电路的"通"与"断"。它主要用来反映各种控制信号，以改变电路的工作状态，实现既定的控制程序，达到预定的控制目的，同时提供一定的保护。它一般不直接控制电流较大的主电路，继电器具有结构简单、体积小、反应灵敏、工作可靠等特点，因而应用广泛。

继电器的种类很多，按用途分为控制继电器和保护继电器，按反映信号分为电压继电器、电流继电器、时间继电器、热继电器、温度继电器、速度继电器和压力继电器等，按动作原理分为电磁式、感应式、电动式和电子式等，按输出方式分为触头式和无触头式。

根据线圈中电流大小而动作的继电器称为电流继电器。使用时电流继电器的线圈与被测电路串联，用来反映电路电流的变化。为了使接入继电器线圈后不影响电路的正常工作，其线圈匝数少，导线粗，阻抗小。

电流继电器可分为过电流继电器和欠电流继电器。继电器中的电流高于整定值而动作的继电器称为过电流继电器，常用于电路的过载及短路保护；低于整定值而动作的继电器称为欠电流继电器，常用于直流电动机磁场控制及失磁保护。

1. 继电器的结构原理

以电磁式继电器为例，城市轨道交通车辆上应用的电流继电器、中间继电器和电压继电器均属于电磁式继电器。

电磁式继电器的电磁机构就是测量机构，当输入量达到其动作参数要求时，就将转变为衔铁的吸合动作。它的触点是执行结构，当输入量达到动作参数要求时，它由原来的开断状态转变成闭合状态，并接通被其控制的电路，从而得到一个输出电压。

继电器的输入量与输出量的关系称为继电器的输出—输入特性。当输入量由零增加到一定值 (动作参数) 时，衔铁被吸合，使触点闭合，接通被控电路，在输出端有电压输出，即输出量由零跃变到最大值。衔铁吸合后，如果将输入量减小到一定值 (释放参数)，反作用力大于电磁吸力，衔铁释放，触头断开，被控电路也断开，输出量由最大值下降到零。当输入量继续减小时，输出量维持为零值。通常动作参数远大于释放参数。继电器输入量的释放参数与动作参数之比称为返回系数。

继电器的触点接在控制电路中，通过电流较小（一般在 20A 以下）。其结构多采用板式和桥式的点接触银质触头。如果双断点桥式银质触头焊在弹簧片（磷铜片）上，则弹簧片既作为传导电流的触头支架，又产生触点压力，但主要由圆柱螺旋弹簧产生触点压力。触点是继电器的执行机构，其工作必须可靠。对继电器触点的主要要求是：耐振动和冲击，不产生误动作；触点接触电阻要小，以便接触可靠；耐机械磨损和电磨损，抗熔焊；使用寿命长；等等。

2. 继电器的主要技术参数

（1）额定工作电压：继电器正常工作时线圈所需要的电压。根据继电器的型号不同可以是交流电压，也可以是直流电压。

（2）直流电阻：继电器中线圈的直流电阻，可以通过万用表测量。

（3）吸合电流：继电器能够产生吸合动作的最小电流。在正常使用时，给定的电流必须略大于吸合电流，这样继电器才能稳定地工作。而对于线圈所加的工作电压，一般不要超过额定工作电压的 1.5 倍，否则会产生较大的电流而把线圈烧毁。

（4）释放电流：继电器产生释放动作的最大电流。当继电器吸合状态的电流减小到一定程度时，继电器就会恢复到未通电的释放状态，这时的电流远远小于吸合电流。

（5）触点切换电压和电流：继电器允许加载的电压和电流。它决定了继电器能控制电压和电流的大小，使用时不能超过此值，否则很容易损坏继电器的触点。

三、辅助电路电器

城市轨道交通车辆辅助电路电器主要包括空气压缩机装置、照明装置和空调等。这里主要介绍空调装置。

城市轨道交通列车的每个单元，即 A、B 和 C 车车顶上都安装了两个相同的空调装置（A/C）。空调系统的作用就是确保车内有舒适的环境温度和湿度。城市轨道交通车辆空调装置一般不能用来取暖。

空调装置把空气吸入安装在车顶板上部的风道里，空气在风道里按整车长度均匀分配并通过安装在车顶上的空气隔栅进入客室。A 车除了有客室通风系统外，还安装了单独的驾驶室通风单元。驾驶室通风单元与风道系统相连，由人工控制。

新鲜空气通过 4 个横向的隔栅 (新风入口) 进入 A/C 单元 (空调控制单元)，与从客室来的循环空气混合。循环空气通过空调单元端部的返回入风口进入空调。混合空气经处理后经空气分配风道强迫进入客室。

1.空调系统的结构组成

空调系统的结构主要包括2个冷凝盘管、2个轴流风扇电动机 (即室外热交换机)，它们的作用是将室外风机吸入的新鲜空气经过盘管实现内部制冷剂的冷凝；2个涡旋式压缩机，其作用是吸入低温的制冷剂，将其压缩为高温高压的制冷剂后送出；2个干燥过滤器用以吸收制冷剂中的水分，同时过滤制冷剂中的杂质，避免制冷系统出现脏堵现象；1套蒸发器 (包括1个带有2个热力膨胀阀的蒸发器盘管、1套风扇及其驱动电动机、1个压力开关、1个供风温度传感器和1个空气过滤器)，其作用是将制冷剂与混合空气进行热交换；1个基于微处理器的温度控制器，控制板通过数字输入/输出和 MVB (多功能车辆总线) 与车辆信息系统连接，用来报告故障、启动命令、启动授权等。

2.空调系统的运行模式

空调系统的运行模式有通风 (无制冷)、预制冷 (只有循环空气)、制冷 (一般新鲜空气模式)、制冷 (减少新鲜空气模式)、紧急通风 (只有新鲜空气)、试验模式等。通常的运行模式有通风 (无制冷)、制冷 (一般新鲜空气模式) 和制冷 (减少新鲜空气模式) 三种，根据车内温度由温控器自动选择。当空调系统启动时，预制冷模式自动启动，一直保持到发出驾驶指令，在这期间没有新风被送入客室。此时如果车内有乘客，空气中的 CO_2 含量将增加，这会影响乘客的舒适度。当驾驶指令发出时，控制器根据客室温度开始制冷。

制冷模式是将来自客室的循环空气和吸入的新鲜空气混合后，通过相应的空气调节风门进入蒸发器模块，被风扇强迫吹过蒸发器盘管。利用制冷剂使空气热量被翅片吸收，温度下降后，将冷却空气送入客室。

试验模式可以在每辆车的控制板上选择。空调系统一旦启动，就开始试验，检查空调系统是否正常工作。

紧急通风模式是在车载供电系统故障时（例如车载 AC380V 供电系统故障，空调无法使用），为了保持向客室内提供新鲜空气，将地板下的一个静止逆变器启动，由蓄电池供电，供风风扇工作，同时关闭循环空气盖，只允许外部空气供向车内。

如果空调单元的热过载而引起车内温度超出设定值，则要关闭部分空气调节风门以减少外部空气的供应量。

第三节　城市轨道交通车辆运行工况与控制分析

一、城市轨道交通车辆动轮与钢轨的相互作用

目前，城市轨道交通车辆运行采用的技术有轮轨技术和直线技术。绝大多数城市轨道交通车辆属于轮轨式，即运行工况依赖于车轮和钢轨的相互作用力。

在轮轨式城市轨道交通车辆中，牵引动力由牵引电动机通过传动机构传递给动车的动力轮对（动轮），由车轮和钢轨的相互作用产生使车辆运动的反作用力。

根据物理学中摩擦的概念，轮轨之间的切向作用力就是静摩擦力。最大静摩擦力是钢轨对车轮的反作用力的法向分力与静摩擦因数的乘积。但实际上，动轮与钢轨间切向作用力的最大值比物理学上的最大静摩擦力要小一些，情况也更复杂一些。在分析车辆的轮轨相互作用时，引入了两个十分重要的概念——"黏着"和"蠕滑"。

（一）黏着

由于正压力（垂直载荷）而保持动轮与钢轨接触处相对静止的现象在轨道牵引制动理论中称为"黏着"。相应地，在黏着状态下轮轨间纵向水平作用力的最大值就称为黏着力。黏着力与轮轨间垂直载荷之比称为黏着系数。

轮轨间的黏着与静力学中静摩擦的物理性质十分相似，但比物理上的"最大静摩擦力"要小得多。在轴重一定的条件下，黏着力可以由轮轨间黏

着系数决定，因此，为了便于实际应用，假定轮轨间垂直载荷在运行中间固定不变，即黏着力的变化完全是由黏着系数的变化而引起的。这样，黏着力与运行状态的关系被简化成黏着系数与运行状态的关系。

黏着系数是由轮轨间的物理状态确定的。加大每轴的正压力，即轴重，可以提高每轴牵引力，但轴重受到钢轨、路基、桥梁等限制。动力分散型的城市轨道交通车辆，动轴数较多，很容易达到整列车所需的牵引力，因而轴重较小，这对保护轮轨的正常作用是有利的。

(二) 蠕滑

分析牵引工况轮轨接触处的弹性变形，可以进一步深化对黏着的认识。

在动轮正压力的作用下，轮轨接触处产生弹性变形，形成椭圆形的接触面。从微观上看，两接触面是粗糙不平的。由于切向力的作用，动轮在钢轨上滚动时，车轮和钢轨的粗糙接触面产生新弹性变形，接触面间出现微量滑动，即"蠕滑"。

蠕滑的产生是由于在车轮接触面的前部产生压缩，后部产生拉伸；而在钢轨接触面的前部产生拉伸，后部产生压缩。车轮上被压缩的金属与钢轨上被拉伸的金属在接触表面的前部相接触。随着动轮的滚动，车轮上原来被压缩的金属陆续放松，并被拉伸，而钢轨上原来被拉伸的金属陆续被压缩，因而在接触面的后部出现滑动。

轮轨接触面存在两种不同区域：滚动区和滑动区。接触面的前部，轮轨间没有相对滑动，称为滚动区；接触面的后部轮轨间有相对滑动，称为滑动区。这两个区域的大小随切向力的变化而变化。当切向力增大时，滑动区面积增大，滚动区面积减小。当切向力增大超过一定程度时，滚动区面积为零，整个接触面间出现相对滑动，轮轨间的黏着被破坏，即出现空转。

蠕滑是滚动体的正常滑动。动轮在滚动过程中必然会产生蠕滑现象。伴随着蠕滑产生静摩擦力，轮轨之间才能传递切向力。由于蠕滑的存在，牵引时动轮的滚动圆周速度将比其前进速度快。

轮轨间由于摩擦产生的切向力反过来作用于驱动机构，随着切向力的增大，驱动机构内的弹性应力也增大。当切向力达到极限时，由于蠕滑的积累波及整个接触面，发展为真滑动。积累的能量使车轮本身加速，这时驱动机构内的弹性应力被解除。由于车轮的惯性和驱动机构的弹性，轮轨间会出现"滑动黏着→再滑动再黏着"的反复振荡过程，一直持续到重新在驱动机构中建立起稳定的弹性应力为止。

1. 黏着系数

黏着系数是一个由多种因素决定的变量。黏着系数与轮荷重、线路刚度、传动装置、走行部结构、车轮和钢轨的材质及表面状态、车速等因素有关。例如，在钢轨上撒上一层细石英砂，黏着系数高达 0.6，而一般钢轨黏着系数在 0.3 ~ 0.5 间变化。若钢轨面有一层薄油膜，则黏着系数下降，甚至可降到 0.15 以下。若轮荷重不同，轮轨接触面的变形也不同，黏着系数也会随之变化。黏着系数作为物理值具有随机性，变化范围很大，且影响因素很多，所以很难准确计算，一般都是依据经验或试验数据确定。

计算黏着系数在正常条件下不需要撒砂就能实现，在恶劣条件下，通过撒砂也能基本实现。但列车在曲线上运行时，由于钢轨超高及内外侧动轮走行距离不同会引起横向和纵向滑动，黏着系数将减小（即黏降）。

随着电力技术的发展，牵引功率越来越大，牵引力和制动力都逐渐增大，轮轨间的黏着已成为限制增大牵引力和制动力的关键问题。

2. 影响黏着系数的主要因素

（1）动轮踏面与钢轨表面状态。干燥清洁的动轮踏面与钢轨表面黏着系数高；冰霜、雪等天气的冷凝作用或小雨使轨面轻微潮湿时，轨面黏着系数减小；大雨冲刷，雨后生成薄锈使黏着系数增大；油垢使黏着系数减小；在钢轨上撒砂则能较大幅度地提高黏着系数。

（2）线路质量。钢轨越软或道砟的下沉量越大，黏着系数越小；钢轨不平或直线地段两侧钢轨顶部不在同一水平高度，动轮所处位置的轨面状态不同都会使黏着系数减小。

（3）车辆运行速度和状态。车辆运行速度的提高，加剧了动轮对钢轨纵向和横向滑动及车辆振动，使黏着系数减小。特别是在轮轨表面被水污染的情况下，黏着系数随速度增大反而急剧下降。

车辆运行中的轴重转移，也影响着黏着系数。车辆驶过弯道、上坡道时，造成车辆车轮内侧（前端）增载，外侧（后端）减载，造成黏着系数大幅度减小，曲线半径越小，黏着系数减小得越多。

车辆的运行工况对黏着系数也有影响，牵引时的黏着系数比制动时要大一些。

（4）动车有关部件的状态，包括：

① 各动轴上牵引电动机的特性不完全相同，在同一运行速度下产生牵引力大的轮对将首先发生空转。

② 各个动轮的直径不同，直径小的动轮发出的牵引力大，容易首先发生空转。

③ 各个动轮的动负荷不同，运行中动负荷轻的动轮将首先空转。

空转必然导致动车的黏着系数减小。

3. 改善黏着的方法和提高黏着系数的措施

（1）改善黏着的方法。改善黏着的方法有两大类：一是修正轮轨表面接触条件，即改善轮轨表面不清洁状态；二是设法改善轨道车辆的悬架系统，以减轻轮对减载带来的不利影响。

（2）提高黏着系数的措施。提高黏着系数的措施有很多，如减少轴重转移，减少簧下质量，轮对在构架内的定位刚度不过大，在钢轨上撒砂，牵引电动机无级调速，以及用机械或化学等方法清洗、打磨钢轨，改进闸瓦材料（如用增黏闸瓦），改善车辆悬架以减小轴重转移等。例如，广州地铁采用电动机无级控制，使牵引电动机负载能自动地随黏着的变化进行调整。

二、城市轨道交通车辆运行受力分析

城市轨道交通电动列车运行中若只考虑列车沿轨道前进方向的作用力，则直接影响其运行的力有三种，即牵引力、运行阻力和制动力。这三个力作用于列车，并影响列车运行。因此列车的运行分为三种工况：

牵引：作用在列车上的力有列车牵引力 F_K 和列车运行阻力 W，其合力为 $F_K - W$，列车起动加速。

惰行：作用在列车上的力只有列车运行阻力 W，其合力为 $-W$，列车惯性运行。

制动：作用在列车上的力有列车制动力 B 和列车运行阻力 W，其合力为 $-(B+W)$，列车减速。

1. 牵引力 F_K

列车牵引力是由传动装置引起的与列车运行方向相同的外力，是使列车产生运动和加速的力。牵引力受两个因素影响，一是牵引装置传给轮对的转矩，它与牵引电动机的速度特性和牵引特性有关；二是动轮与钢轨的相互作用，主要是轮轨间的黏着系数以及动轮的荷重。当牵引电动机选定后，轮轨间的黏着就成为影响牵引力的关键因素。

(1) 牵引力的形成。牵引电动机的输出转矩通过电动机轴、传动装置(联轴器、齿轮箱)，使车辆动轮获得转矩 M。假设将车辆悬空，则转矩就是内力矩，只能使车轮发生旋转运动，而不能使车辆发生平移运动。但当车辆置于钢轨上使车轮和钢轨成为有压力的接触时，就产生了车轮作用于钢轨的可以控制的力 F_K，而 F_K 所引起的钢轨反作用于车轮的反作用力 F_K 就是使列车产生平移运动的外力。这种由钢轨沿列车运行方向加于动轮轮周上的切向外力 F_K 就是列车的轮周牵引力，简称为列车牵引力。

(2) 城市轨道交通车辆速度的形成。在列车牵引工况下，电动机输出轴上的转矩通过传动装置传递到小齿轮上。

2. 运行阻力 W

列车运行阻力是列车运行中由于各种原因自然产生的与列车运行方向相反的外力。它可阻止列车发生运动或使列车自然减速，驾驶员无法控制阻力。

阻力根据引起的原因可分为基本阻力和附加阻力。列车运行阻力随所处环境的不同而变化，也与车辆结构设计、保养质量有关。

(1) 基本阻力。基本阻力在列车运行中总是存在的。列车在平直轨道上运行时一般只有基本阻力。产生基本阻力的主要因素有：

① 滚动轴承及车辆各摩擦处之间的摩擦。

② 车轮与钢轨间的滚动摩擦和滑动摩擦。

③ 冲击和振动引起的阻力。

④ 空气阻力。

基本阻力各因素对列车运行阻力的影响程度与运行速度有关。如低速时，轴承、轮轨等摩擦的影响大，空气阻力的影响小；高速时，空气阻力占主导地位，而摩擦的影响就不大。对于地铁车辆而言，车辆主要在隧道中运行，由于车辆与隧道的横截面之比很小，在车辆与隧道的间隙中存在着强烈的气流摩擦和车辆前后的空气压力差，使空气阻力成为车辆的主要运行阻力，而且列车运行速度越高，基本阻力越大，因此对城轨车辆在外形结构上进行了专门设计以减少空气阻力。例如，地铁车辆在 A 车前端下部设计扰流板的目的就是减少运行时的空气阻力，高速列车把外形设计成流线型也是为了减少高速时的气流阻力。

（2）附加阻力。它包括列车上坡、经过曲线、起动等发生在特定的情况下的阻力。

①坡道阻力 W_i。列车进入坡道后，由列车重力产生的沿坡道斜面的分力称为坡道阻力。

②曲线阻力。列车通过曲线轨道时增加的阻力就是曲线阻力。引起曲线阻力的原因有：车轮对于钢轨的横向及纵向滑动，轮缘与外轨头内侧的摩擦，滚柱轴承的轴端摩擦，中心销及中心销座因转向架的回转而发生的摩擦。曲线阻力与许多因素有关，如曲线半径、运行速度、外轨超高、车重、轴距、踏面的磨耗程度等。

③起动阻力。因城市轨道交通车辆起动性能好，起动阻力影响不大。

3. 制动力 B

制动力是由制动装置引起的与列车运行方向相反的外力。其作用是使列车产生较大的减速度或制动列车或防溜。驾驶员可以控制制动力。

（1）制动力的形成。制动俗称刹车，制动性能的好坏在很大程度上限制了车辆的载重和列车的运行速度。地铁车辆有两套制动系统，即电气制动和空气制动，以电气制动为主，停车和紧急制动时采用空气制动（也称为摩擦制动）。

摩擦制动和电气制动都是通过轮轨黏着产生制动力的。制动力的调节可以通过改变闸瓦压力来进行，但不得大于黏着条件所允许的最大值，否则车轮会被闸瓦"抱死"，使车轮与钢轨间产生相对滑动。此时车轮的制动力将变为滑动摩擦力，这种现象称为"滑行"。滑行时制动力大为降低，制动距离增加，还会擦伤车轮与钢轨的接触面，应尽量避免。

电气制动与摩擦制动的不同只是制动转矩由电动机产生，而制动力都是通过轮轨黏着产生的，同样应避免出现"滑行"。

（2）制动力与闸瓦系数。闸瓦与车轮间的摩擦因数或与闸瓦材质、列车速度、闸瓦压力、闸瓦温度及状态有关。一般来说，闸瓦制动力与速度成反比，速度越低，制动力越大。在一定的闸瓦压力下，制动力的大小取决于闸瓦与车轮间的摩擦因数的值。从制动开始到停车，闸瓦与车轮间的摩擦因数不断变化。列车运行时，增大制动力可缩短制动距离并提高行车的安全性。但是并不是制动力越大，制动效果就越好。制动力也和牵引力一样，必须遵守黏着定律，否则当制动力大于轮轨间的黏着力时，就像牵引力出现"空转"一样，也会发生轮轨间的"滑行"。列车一旦滑行，首先是制动力下降，其次会发生轮对踏面及轨面的擦伤。这就要求驾驶员在驾驶列车时（尤其是天气不好时，轮轨黏着状态不良），要特别注意。

为了提高列车运行的可靠性，城市轨道交通列车上设有空气制动防空转 / 滑行保护装置，当某轴制动力过大，轮轨间发生滑动时，电子控制单元控制防滑阀将关闭压缩空气通路，开启制动缸通向大气的通路，进行排风缓解，然后再重新恢复正常制动。这样使车辆在黏着不利的情况下，尽快恢复制动作用，防止擦伤轮对踏面和钢轨。

第四章　城市轨道交通车辆牵引与制动控制系统

第一节　城市轨道交通车辆电气控制系统电路识读

一、常用电气设备符号说明

在城市轨道交通车辆控制线路中，要用到大量的电气元器件，如电磁继电器、时间继电器、电磁阀、各类开关和按钮等。

(1) 各电气设备在电气线路图中除按规定符号表示外，在符号旁边还应标明相应电气设备在电路中的代号，且在所有该设备的各联锁旁边也标注同一代号，说明是同一电气设备在不同位置的控制关系，或在该电气设备线圈图形符号下方，给出该电气设备所有联锁及其连接。

(2) 导线也是电气线路图中的一部分，特别是一些重要的导线应在电路图中标明导线代号，不同类型和不同作用的导线可用不同字母或汉字表示。

(3) 常开联锁、常闭联锁 (也称为正联锁、反联锁) 是对电气设备的工作线圈未通电，电气设备处于释放状态时的联锁位置而言，若其联锁是打开的即常开联锁 (正联锁)，若其联锁是闭合的即常闭联锁 (反联锁)。当电气设备工作线圈通电，电气设备动作后，常开联锁闭合，常闭联锁则打开。

(4) 并不是所有的电气设备联锁都有常开、常闭的概念。对于某些组合电气设备的联锁，除标出其所属电气设备的代号外，还应表明该联锁的接通位置，此类联锁又称为位置联锁，如主控制器联锁。

(5) 对于凸轮控制器或鼓形控制器，在电路图中将这类触头闭合次序沿轴向展开为一个平面的触头闭合电路图，简称为展开图。在某工作位置联锁是接通的，则在该位置相应的导线下方以黑点 (或黑线段) 表示。

二、电路图识图

(一) 电路类型标注

在城市轨道交通车辆的电路图中，一般分为9类电路，为了区分不同电路，通常采用两位数字编号分类，如表4-1所示。

表4-1　城市轨道交通车辆控制系统电路图电路类型编号

数字编号	电路类型
01	主电路 (高压电路)
02	牵引 / 制动控制电路
03	辅助供电电路和辅助电路
04	检测和信息电路
05	照明电路
06	空调电路
07	辅助设备电路
08	车门控制电路
09	特殊设备电路

(二) 设备及元器件的标注

城市轨道交通车辆设备和元器件的标注采用流水号的标注方法。一般为三位，由数字与字母组合而成。第一位是数字，表示电路类型；第二位是字母，表示设备及元器件类型，表4-2列出了设备及元器件常用符号的含义；第三位是数字，表示该设备及元器件的序号。

表4-2　城市轨道交通车辆设备及元器件常用符号的含义

字母	含义	字母	含义
A	主控制器	B	传感器
F	低压断路器	H	指示灯
K	接触器、继电器	R	电阻
S	按钮和转换开关	V	二极管
Y	车钩电气接线盒	P	压力继电器

例如，主控制器 2A1，其中：

"2"：表示器件属于牵引／制动控制电路；

"A"：表示主控制器；

"1"：表示该类器件的第一个设备。

(三) 电气联锁标注

继电器、接触器等的电气联锁用两位数字标注。第一位表示联锁顺序；第二位则成对出现，"3、4"表示常开联锁的两个节点，"1、2"表示常闭联锁的两个节点。

(四) 设备联锁及元器件位置、导线的来源与去向标注

用带括号的五位数字标注。前两位表示其所在电路的类型，中间两位表示处于该类电路的第几张图样，最后一位表示其处在该张图样中的第几区。例如，02014 表示该导线来源于牵引／制动控制电路第 1 张图样的第 4 区。导线线号也采用五位数字标注。第一位数字表示电路类型，第二、三位表示该类电路的第几张图样，最后两位表示该导线的编号。

(五) 车钩装置的触点标注

自动车钩与永久车钩不同。永久车钩采用弹性触点连接形式，自动车钩为了保证可靠连接采用弹性触点并联连接形式。

(六) 电路的结构及逻辑顺序

借用逻辑函数方法来描述电路的结构及逻辑顺序。

(1) 电路中有关导线、开关、联锁和电器工作线圈一律用该电器的各车辆规定代号表示。

(2) 电路中串联连接的元器件用逻辑与"·"表示其电路结构，并联连接的元器件用逻辑或"+"表示。

(3) 描述控制电路一般从控制电源正极端开始，但有时为了简明和叙述方便可从重要导线开始。

(4) 继电器、接触器、开关、按钮等的常开联锁用该电器的代号书写，

常闭联锁在该电器的代号上加一短直线表示逻辑非，电磁线圈用该电器的代号外加方框表示。

三、常用联锁方法

控制线路必须满足主、辅线路的控制需求，如电器按一定顺序动作，驾驶员按一定顺序操作，因此必须设置一些联锁来满足控制线路的逻辑要求。

在设置控制线路的联锁时，首先必须满足线路的控制要求，在此前提下应尽量减少联锁数目，因为多设一个联锁就增加了线路发生故障的可能性，同时也增加了分析处理故障的难度。另外，对于需要在列车有故障时维持运行的线路，同样要在控制线路中做相应考虑。对于可能由误操作造成事故的现象，也应在线路中予以避免或设法补救。因此在设置控制线路的联锁时应统筹考虑，权衡处理。

常用联锁方法有两大类，即机械联锁与电气联锁。

（一）机械联锁

为避免驾驶员的误操作危害到人身及设备安全，须设置一些机械联锁。目前采用的机械联锁主要有：

（1）驾驶控制器换向手柄与调速手柄间的机械联锁。

（2）驾驶台上按键开关与电钥匙的机械联锁。

（3）换向手柄及电钥匙与钥匙箱的机械联锁。

（二）电气联锁

电气联锁方法的种类较多，下面仅介绍几种常用的联锁方法。

（1）串联联锁。在某电器的工作线圈前串联若干其他电器的联锁，称为串联联锁。

串联联锁是多个条件使一个电器通电，而其中任一条件消失即使电器线圈失电。在电路中凡要求满足多个条件才能接通电路的环节一般采用串联联锁电路。但串联联锁越多，可靠性越低，因此，应尽量减少串联联锁的数量。

（2）并联联锁。在某个电器工作线圈前并联若干其他电器的联锁，称为并联联锁。

并联联锁是多个条件中的任一条件成立则该电器线圈得电，只有全部条件消失该电器线圈才失电。这种联锁方法对电器的动作顺序没有固定要求，电路中常用这种联锁作为双重供电线路以保证重要电路供电的可靠性。

(3) 自持联锁。在某电器工作线圈前的电路中并联有该电器本身的常开联锁，称为自持联锁。

自持联锁常用于电器工作的条件可能构成后又消失，但又需要在构成条件消失后，必须保持该电器持续工作的场合。

(4) 延时联锁。延时联锁是指某电器的线圈得失电与其联锁动作不同步。其实现方法有多种，如采用在电器铁芯上加短路铜套，或在继电器本身某些联锁上加装钟表机构，二者的不同之处在于前者的所有联锁都具有延时性，后者仅加有钟表机构的联锁有延时而其他联锁不具有延时。在要求有短暂延时，也可以在要求滞后动作的电器线路中多串联一个要求先动作电器的常开联锁实现，或者在电器的工作线圈旁并联一电容，在线圈断电后，电容通过电器线圈放电，使线圈延时失电，电器延时释放。

四、城市轨道交通车辆中常用低压电器

(一) 继电器

继电器是一种实现自动控制和保护功能的电器，它是根据外界输入信号的变化，接通或断开小电流电路的电器。其特点是额定电流小，不需要灭弧装置，节点数量较多，体积小。

继电器主要由感测机构、中间机构和执行机构组成。继电器的分类按照工作原理分为电磁式继电器、电动式继电器、电子式继电器、热继电器等，按照功能分为中间继电器、时间继电器、温度继电器、压力继电器、欠电压继电器等。

(二) 主令电器

主令电器是指在电气控制系统中用来发出指令的电器。主令电器按功能分为五类，即按钮、开关、主令控制器 (驾驶控制器)、组合开关和其他主

令电器或按五类具体介绍。

第二节 城市轨道交通车辆的激活控制

一、列车激活控制（蓄电池接通）

城市轨道交通车辆的控制电路的电压为 DC110V，在升弓前由蓄电池提供 DC110V 控制电压，在升弓后由辅助供电系统 DC/DC 模块提供 DC110V 控制电压。

启动或激活列车时，必须先接通列车蓄电池，操纵蓄电池开关使其触点开关必须设置为接通（ON）位置。

二、蓄电池充电与供电控制

DC110V 控制电源线有两种类型：一种是电磁电源线（有联锁控制电路电源线），为车辆接触继电器线路和 DC110V 供电负载（主要是紧急照明、列车两端的头尾灯、紧急通风和门控电动机）提供电源；另一种是电子电源线，为车辆所有电子设备提供 DC110V 电源。

激活车载主要用电设备的供电源，即给列车线供电，受制于蓄电池接触器的得失电状态。当列车激活，蓄电池电源通过低压断路器→车辆控制继电器联锁→蓄电池低压继电器线圈得电，当蓄电池电源大于 85V 时，继电器联锁闭合，使蓄电池接触器线圈得电，其常开联锁闭合，蓄电池电源经该联锁传送到电源列车线，这样列车才真正激活，车辆电路获得 DC110V 电源。如果蓄电池电压下降低于限制值，则蓄电池低压继电器 3K05 失电打开，蓄电池接触器 3K06 失电断开连接，列车线无电源。

三、列车驾驶台激活控制

（一）驾驶台的激活

城市轨道交通列车有两个驾驶台，为了便于管理和有序控制，当一个驾驶台有效激活后，另一个驾驶台则为无效。用 78# 钥匙插入驾驶台侧的钥匙开关（3S01）中，逆时针旋转至位置"1"，该端的列车驾驶台便被激活。列车被激活后，钥匙被锁死在钥匙开关中，此时，可以进行以下操作：

（1）缓解或施加停车制动。

（2）闭合或断开高速断路器。

（3）升起或降下受电弓。

（4）开启或关闭列车空调。

当进行以上操作后，即使断开了驾驶台钥匙开关，即顺时针方向旋转至位置"0"，由于激活了接触器的逻辑控制，停车制动、高速断路器、受电弓和列车空调都能保持原有的状态。对列车驾驶台的激活是为了确定列车的主从驾驶端，从而确定列车的操作端和非操作端，只有在操作端才能有效地对列车进行操作。

（二）ATC（列车自动控制系统）的激活

ATC 单元直接和蓄电池连接，但因其内部有电源，能独立于蓄电池工作。激活驾驶台的同时也激活了 ATC 设备。

（三）牵引保护（ATP）的激活

（1）正常状态下要激活牵引保护必须符合以下条件：

①ATC 设备已激活。

②ATP 钥匙开关处于"合"的位置。

③ 相应的驾驶台已被激活。

（2）轨旁 ATP 故障时要激活牵引保护，必须符合以下条件：

①ATC 设备已激活。

②ATP 钥匙开关处于"合"的位置。

③ 相应的驾驶台已被激活。

④ 列车起动前按下"RM"（人工驾驶模式）按钮。在这种情况下，列车只能选择人工驾驶（RM 模式）。

（3）库内动车保护必须符合如下条件：

①ATC 设备已激活。

②ATP 钥匙开关处于"合"的位置。

库内只能人工驾驶，如果轨旁 ATP 和车载 ATP 之间没有数据传输，系统将自动转为 RM 模式，在这种情况下，无须去按"RM"按钮。若列车在正线运营时出现轨旁 ATP 故障，列车将实行在库内一样的保护。

列车从正线进入库内的过程中，需要转换成 RM 模式。在离开正线之前，显示屏会提醒驾驶员按下"RM"按钮。进入 RM 模式，列车才能够进库。

如果 ATP 发现有危险的操作状态，会立刻触发紧急制动，直到列车完全停止。如果 ATP 触发了紧急制动，必须在列车停止后按下"RM"按钮，以解除列车的紧急制动状态。

第三节　城市轨道交通车辆的初始条件设置控制

一、列车方向控制

只有当车辆处于静止时才能预先选择车辆的运行方向，如果驾驶员需要设置列车方向，要在激活的驾驶台将驾驶员控制器方向手柄推向前（F）位或推向后（R）位。

如果设定为"F"（前行）位，则行程开关闭合，电源经由空气保护开关，"前行"接触继电器得电，"前行"列车控制线被接通。

如果设定为"R"（后退）位，则行程开关闭合，电源经由空气保护开关，"后退"接触继电器得电或被激活，"后退"列车控制线被接通。

二、受电弓控制

受电弓控制分为气路控制和电路控制。

当列车激活后，列车控制系统进入工作准备状态，列车控制起动继电器和紧急制动继电器分别得电工作，驾驶员可以操作升弓开关来执行"升弓"指令，操作降弓开关来执行"降弓"指令。

（一）升弓控制

当按下升弓开关，电源经由低压断路器，使升弓起动继电器得电。

一组联锁控制各自单元车辆受电弓保持继电器得电吸合。具体电路为：电源列车线经低压断路器、紧急制动继电器常开联锁、降弓继电器常闭联锁、升弓起动继电器常开联锁、车间电源供电继电器（此继电器与升弓保持继电器互锁，完成列车车间电源供电和受电弓供电方式的单一供电形式）常闭联锁使得受电弓保持继电器得电，并通过自身常开联锁完成自持。

（二）降弓控制

按下降弓开关，其常闭联锁分断，升弓起动继电器失电，同时常开联锁闭合，使降弓继电器得电。

要使受电弓能够升起来，升弓气压不能小于3bar。当升弓气压小于3bar时，可以利用座位下的脚踏泵来提供足够的升弓气压。当列车在"有电无气"状态下升弓时，可以先按下升弓按钮，使电磁阀得电，连接受电弓的气路被打开，然后踩脚踏泵升弓，这就是通常说的"有电无气"升弓方法。

（三）受电弓状态检测

受电弓的状态可以从按钮灯上判断。当升弓按钮绿灯亮时，表示所有受电弓都已升起；当降弓按钮红灯亮时，表示所有受电弓都已降下；当升弓按钮绿灯和降弓按钮红灯都不亮时，表示两个受电弓处于不同的状态（如升单弓）。

第四节　城市轨道交通车辆的牵引和制动控制

一、城市轨道交通车辆的牵引

（一）牵引系统分类

城市轨道交通车辆牵引系统根据线路供电电压制式，可分为DC750V牵引系统和DC1500V牵引系统，二者的工作原理是一致的，区别在于零部件的额定电压和额定电流等参数不同。

根据城轨车辆牵引电机的种类，城轨车辆有直流传动方式和交流传动方式之分。列车牵引系统多采用直交的变流传动设计，利用受流器从线路的供电系统取流，通过牵引逆变器的功率模块将直流电转换成幅值和电压可变的交流电，驱动安装在 4 根轴上的电机把电能转化为动能，再通过联轴节、齿轮箱和轮对的传递，把动能传递到列车的轴上，最终实现列车的牵引功能。

地铁列车采用分散动力形式，根据列车的编组形式，配置列车的动拖比。一般来讲，6 节编组的车辆有 3 动 3 拖、4 动 2 拖的形式；4 节编组的车辆采用 3 动 1 拖形式，主要根据线路的实际客流量以及救援能力设计等确定。对于动车的设计，考虑系统的冗余性，牵引系统有车控（一个功率模块控制一节车的 4 台电机）和架控（一个功率模块控制一个转向架的 2 台电机）之分。从动力冗余性上讲，架控优于车控，但成本更高。永磁同步电机的牵引系统由于永磁同步电机的特性，采用轴控系统（一个功率模块控制一个轴的电机）。

(二) 牵引系统的组成

城轨车辆牵引系统一般包括以下内容。

1. 受流装置

受流装置是将牵引电流馈送到车辆的装置，一般分为受电弓和受流器两种形式。由于地铁电动车组的运行速度不是很高，受流器和受电弓均能满足受流稳定性的要求。受电弓供电具有用电安全的优点，但检修维护繁杂，影响城市景观；受流器供电采用第三轨，具有检修维护方便的优点，但是用电安全性较差，需要严格的安全管理制度。同时使用两种供电方式将集成弓、靴的优点，但是电路控制更加复杂，也对供电的安全性提出了更高的要求，必须对相应的高压电路、低压控制电路进行严密完善的互锁控制逻辑，否则将造成严重的电气安全事故。

少数地铁线路采用双流制受流方式，正线线路采用受流器供电，车辆段及出入段线采用受电弓方式，并在出入段处设置弓、靴转换区段，实现受电弓、受流器两种方式的转换。这种设计实现车辆限界小于受电弓受流的车辆限界，减少了运营线路隧道区间的开挖量，降低了成本，缩短了工期，同时车辆段采用受电弓的受流方式，减小了检修作业的风险。缺点在于系统包含了两种受流装置的零部件以及相应的转换和互锁设备，增加了设计难度和故障，增大了车辆及供电专业的检修作业量。

2. 接地隔离开关（箱）

接地隔离开关（箱）内配置手动隔离接地开关，操作后可将牵引设备隔离或使其接地。当隔离接地开关接地后，车间电源、接触轨高压不允许接入。操作开关可以实现以下 3～4 种工况的电源接入：

正线运行：受流器或受电弓、牵引逆变器系统及辅助电源正常得电，车间电源及滑触线电源未接入。

车间维护：车间电源、辅助电源正常接入，受流器或受电弓、牵引逆变器系统及滑触线电源未接入。

库内动车（选配）：滑触线电源、辅助电源及牵引逆变器系统电源正常接入，受流器或受电弓及车间电源未接入。

切除：受流器或受电弓、牵引逆变器系统、滑触线电源及辅助电源均未接入。

3. 接地回流装置

接地回流装置是牵引主回路中重要的组成部分，该装置的主要作用是将主电路的电流通过碳刷传递到列车的轴上，再通过轮对回流到轨道进而回流至变电所的负端，保证列车的主电路能够形成回路，保证列车的正常运行。

接地回流装置安装在转向架的轴箱上，保证列车各装置及车体接地良好，不造成轴承电蚀。每辆拖车设置 2 套接地回流装置，每辆动车设置 4 套接地回流装置。整列车的接地是通过拖车和动车上的接地装置来实现的。每节车上的设备安全接地和低压开关箱中控制电路的工作地均直接与本车车体相连；同时为保证整列车电势相等，相邻车车体间通过电缆两两连接起来。低压直流设备的工作地均最终汇总接至车体，通过本车车体及各车车体间的回流最终至低压直流负端。将列车上的漏电流以及感应电流等回流到轨道上，同时保证列车的电势和大地相同，保证列车乘客的安全。

4. 保护装置

地铁车辆通过主电路从接触网上获得能量，主电路的安全对列车运营尤为重要。当主电路发生过载或短路故障时，保护装置可以快速地隔离故障，使故障区域不会扩大。主电路的保护装置主要有熔断器和高速断路器两种。

高速断路器的保护原理是线路电流大于整定值时，电磁脱扣装置脱扣以分断主触头，切断故障电流，存在机械响应时间。而熔断器的保护原理是随着线路故障电流的增加，熔体会急剧发热而快速熔断。由于熔断器熔断时不存在机械响应时间，多用于大电流的故障工况，两者的保护功能形成互补，因此，主电路都设计有这两种保护器件。

（1）熔断器。熔断器在地铁车辆上通常用作过载及短路保护，具有响应时间快、分断容量大等特点。

以某受流器配合熔断器为例，每个受流器并联安装 1 个 600A 或 800A 的熔断器和一个 5A 的带指示的小熔断器，熔断器负责车辆电气系统的过载与短路保护。每套受流器有两根 95mm² 的电缆线，连接在碳滑板和熔断器上用于供电。

（2）高速断路器。高速断路器设在受流器与线路滤波器之间，每一个高速断路器给每辆动车 VVVF 逆变器提供保护。高速断路器仅用于牵引回路，由电磁力驱动，其动作由牵引控制单元或过流脱扣装置触发，保护作用和断开速度与输入滤波器的相关特性相匹配。在主逆变器输入端电流超过高速断流器能承受的最大瞬时电流或输入回路因故障突然接地时，并且在切断电路的过程中，通过产生恒定的过电压快速灭弧。

5. 牵引逆变器

牵引逆变器主电路采用两点式电压型直—交逆变电路。当车辆处于牵引工况时，高压电源经 IES 箱、高速断路器、线路接触器、电抗器等高压电器进入逆变器模块，经逆变器输出三相变压变频的交流电，为异步牵引电动机供电。当车辆处于再生制动工况时，逆变器将异步牵引电动机输出的三相交流电压整定成直流电压，反馈回电网。电阻制动环节及三相逆变器的开关管均为 IGBT 元件。牵引逆变器有电压传感器和电流传感器；电压传感器能检测直流网压、逆变器模块电压；电流传感器能检测逆变器输出电流，具有过压、过流和过热保护功能。

牵引逆变器箱内装有 IGBT 逆变器模块，主要功能是将输入到牵引逆变器的直流电转化为三相电压和频率可变的交流电，输出给牵引电机。其斩波器实现使用制动电阻器进行过压保护或电阻制动。

6. 牵引电机

城市轨道交通采用的牵引电机主要有交流异步电机、直线电机以及永磁同步电机。其中三相四极鼠笼式异步电动机具有结构简单、维护简便、转速高、功率大等特点，且其电机制造及驱动控制技术最为成熟、可靠，能够满足各运行线路的基本要求，目前的牵引系统多采用该类型牵引电机。

（1）永磁同步电机。永磁同步电机的磁场主要是通过转子中的永磁铁产生的，并且与电枢磁场互相作用，从而实现了能量的转换。转子永磁体结构通常只在永磁同步电机中使用，并且采用特殊的磁路结构以及制造工艺。使用永磁同步电机可以取消齿轮箱，采用直接传动后，转向架的设计获得了更多自由的空间。传统地铁车辆的曲线磨耗、轮轨曲线噪声及曲线波浪磨耗是严重影响地铁经济性和安全运行的因素，采用直接传动方式后，取消了齿轮箱，可采用更小的轴距，以降低曲线磨耗。直接传动为转向架的柔性构架设计提供了可能性，可降低轮重减载率，更好地适应线路的不平顺，提高安全性。电机与车轴的一体化可增加径向调节能力，采用直接传动有望彻底解决因传统转向架设计而带来的径向调节能力不足这一先天缺陷。直接传动技术必定会使传统转向架的设计发生革命性的改进，从而解决曲线通过性能不良带来的轮轨侧磨、曲线波磨、轮重减载脱轨、曲线噪声等长期困扰城轨交通的问题，大大提高车辆的经济性和动力学性能。

随着永磁材料以及电机技术的发展，永磁同步电机性能不断提升，因其具有效率高、过载能力强等特点，更加适应城市轨道交通系统的高效节能、轻量化等要求，永磁同步电机会逐步取代其他的电机，成为主要的发展趋势。

（2）直线电机。直线电机在理论上，可以看成具有无限大半径的传统旋转电机。其机理是固定在转向架的一次线圈通过交流电流，产生移动磁场（行波磁场），通过相互作用，使固定在整体道床上的二次感应板（展开的转子）产生磁场，通过磁力吸引、排斥，实现车辆的运行和制动。

直线电机运载系统是应用于城市轨道交通的典型非黏着驱动方式的系统，并不是依靠钢轮与钢轨的黏着力驱动的黏着驱动方式。不受轮轨之间的黏着限制，具有良好的爬坡能力。

常规铁路的坡度一般不超过 4%，而直线电机地铁坡度可达 6% ~ 8%，在转入地下和爬升地面时显得相当灵活。

直线电机牵引无须减速齿轮等装置，转向架设计的自由度大，便于采用径向转向架，轮缘力和轮轨磨耗等也大大降低。车辆易于通过小半径曲线线路。小半径曲线线路设计可缩短线路建设长度，同时也增加了线路设计的自由度。隧道断面小，车轮只起车体的支撑作用，轮径较小，使车辆总高度降低，整个系统小型化，减少了行走区间的断面面积。但因直线电机的效率较旋转电机低等因素，目前多在特殊线路要求的系统中采用该类型牵引电机。

（3）交流异步电机。牵引电机多采用适用于 VVVF 逆变器供电方式的三相四极鼠笼式异步电动机，输出功率为 200kW（持续制）。适用于由电压源逆变器供电、采用变压变频（VVVF）调速的牵引电机，冷却方式采用自通风冷却，具有良好的空气滤尘功能，电机接线处采用防护等级 IP65 的接线盒，电机的绝缘等级为 C 级或 H 级。

牵引电机主要由定子、转子、轴承装配、总装零件、过滤器、测速与测温装置等几大部件组成。牵引电机为三相交流异步牵引电动机，其技术特征为转子铜排鼠笼式结构，定子为无机壳结构，悬挂方式为架承式全悬挂，绝缘等级为 C 级或 H 级（耐电晕），冷却方式为带内风扇自通风，电机满足牵引系统要求。

7. 制动电阻

每套 VVVF 逆变器设置一套电阻制动装置，电阻制动采用制动斩波器控制形式，斩波器的开关元件采用 IGBT。在电制动过程中，再生制动优先。随着再生吸收条件的变化，再生制动与电阻制动能连续调节，且平滑转换。制动电阻有充分的耐热裕度，制动电阻斩波器和制动电阻具有完备的检测和保护装置。制动电阻采用车下部安装，强迫通风或自然冷却方式。

8. 司机控制器

列车在两个司机室设操控端，每个操控端需要安装一台司机控制器。司机控制器安装在纵向向前向后移动时比较舒适的位置，用来控制列车的运用工况和行车速度。

司机控制器设有主控手柄、方向旋钮、机械锁等。

主控手柄设有"牵引"位、"惰行0"位、"制动"位、"快速制动"位四个挡位，方向旋钮有"前-0-后"三个挡位，机械锁设有"开""关"两个挡位，主控手柄的垂直位为"0"位。

司机控制器的牵引级位值以模拟量的形式通过MVB网络传送给牵引系统，而制动级位值以模拟量的形式通过MVB网络传送给制动系统。牵引制动命令通过MVB网络分别传送给牵引系统、制动系统。

在备用模式下，司控器的牵引、制动控制则以硬线的形式传送给牵引和制动系统。以某厂家RTS-310C型司机控制器为例，司机控制器的面板上有主控手柄、方向旋钮和机械锁三种可操作机构。主控手柄、方向旋钮和机械锁的动作之间有机械连锁机构。当主控手柄处于"0"挡位并且方向旋钮处于"0"挡位，机械锁置于锁住位时，方向旋钮及主控手柄被连环锁定。用钥匙转动锁开关于打开位时，方向旋钮可以转动到任意工作挡位（前或后），即取消了对主控手柄的锁紧作用，操作者可以推动主控手柄进行牵引和制动的工况控制，这时锁开关被锁定，不能回到锁住位。当主控手柄处于非"0"位的任何挡位时，方向旋钮被锁定，不能转动。从而实现在主控手柄和方向旋钮之间的连锁功能。当列车停止运行后，将主控手柄和方向旋钮顺序置于"0"位，然后将锁开关转到锁住位时，取下钥匙，即锁定列车。

二、制动控制

（一）制动系统的类别及特点

1.电制动形式

制动系统中的电制动在制动时将动能转换为电能，将电能反馈至接触网、接触轨或者通过车辆其他负载消耗电能，即电制动又分为再生制动和电阻制动两种形式。

（1）再生制动。列车进行制动时，将列车的动能转换为电能反馈到电网供其他列车使用，这种制动方式叫再生制动。

一般来说，当列车施加常用制动时，列车将先进行再生制动，牵引电机变为发电机模式，发出的电经过VVVF逆变回路、FC稳压器、FL滤波器，再经过VVVF、HSCB、IES、受流器回馈到第三轨。

（2）电阻制动。若列车制动时，牵引系统反馈的电能未被其他列车吸收，使得电网电压升高，支撑电容两端电压上升至一定值时，将触发电阻制动斩波模块，调节斩波模块开关元件导通角，将电容两端电压稳定在一定值，此时列车电制动产生的电能将会消耗在制动电阻上，列车动能转换为热能散逸在大气中，这种通过制动电阻消耗电能来实现电制动的方式叫电阻制动。

2. 空气制动形式

制动系统中的空气制动也叫摩擦制动，在制动时将动能转换为热能散发至空气中，它一般分为踏面制动、盘型制动。

（1）踏面制动。踏面制动又称闸瓦制动，是最常用的一种制动方式。制动时闸瓦紧压车轮，轮、瓦之间发生摩擦，将列车运动动能通过轮对和闸瓦的摩擦转变为热能逸散于大气中。按闸瓦的安装方式，分为单侧闸瓦制动和双侧闸瓦制动。单侧闸瓦制动构造简单，适用于速度不高、载重不大的车辆；双侧闸瓦制动结构比较复杂，比单侧闸瓦制动效果好，闸瓦摩擦量小，对缩短制动距离，提高运行速度都是有利的。

（2）盘型制动。盘型制动根据制动盘的位置，分为轴盘型和轮盘型。非动力转向架一般采用轴盘型；当动力转向架轮对中间由于牵引电机等设备使制动盘安装发生困难时，可采用轮盘型。制动时，制动缸通过制动夹钳使闸片夹紧制动盘，闸片与制动盘之间发生摩擦，把列车的动能转变为热能，热能通过制动盘和闸片逸散于大气中。

3. 其他制动形式

除常规意义上的电制动及空气制动，还有一些制动模式，比较常见的有磁轨制动、旋转涡流制动等。

（1）磁轨制动。磁轨制动，也叫轨道电磁制动。磁轨制动是将安装在转向架两轮对之间轨面上方的电磁铁放下至轨面励磁，使装有磨耗板的电磁铁以一定的吸力吸附在钢轨上并滑行，靠磨耗板与轨面之间的摩擦转移能量以达到制动的目的。

（2）旋转涡流制动。旋转涡流制动又称车辆电磁减速器，它利用固定电磁铁和旋转金属盘之间的滑动磁力进行制动，可部分替代摩擦制动。使用旋转涡流制动时须将制动力经车轮传递到钢轨上，在轮对旋转时，在制动中与轮对转子感应生成涡流，其动能转换成热能散发至大气中。

（二）制动系统的工作原理

一般来说，当列车施加常用制动时，列车将先进行再生制动，牵引电机变为发电机模式，发出的电经过 VVVF 逆变回路等一系列模块后回馈到第三轨。当发出的电没有完全被其他列车吸收，接触轨电压会升高。当轨压大于 1700V 时，制动斩波回路开始导通，发出的电由制动电阻消耗为热能和接触轨回馈混合；当轨压大于 1800V 时，再生制动电能全被制动电阻消耗。在列车制动期间，如电制动不足，则由空气制动补足。当列车速度到一定限值（6km/h）以下时，电空制动完全转换成空气制动，由空气制动使列车停稳。

第五章　电气设备管理基础

第一节　设备管理

一、设备

(一) 设备的概念

1.设备的定义

设备是人们惯用的术语，国内外还存在一定的差异。在西方发达国家，设备被定义为"有形固定资产的总称"，即在物质资料的生产过程中，用来影响或改变劳动对象的劳动资料，被认为是包括固定资产在内的所有劳动材料，如土地和房地产、工厂和建筑物、机械和附属设施。在中国，只有直接或间接参与改变劳动对象的形式和性质，并在长期使用中基本保持其原有的物理形态的物质材料才能被视为设备。一般情况下，设备一词既可指单台设备，也可指成套设备，即为完成某种功能而将机电装置及其他要素有机组合起来的集合体。如果将成套设备理解为"系统"，则组成这一整套设备的单台设备即"子系统"，再继续分解则成为部件、零件和材料。因此，成套设备是设备的集合体，但不是简单的集合体，而是把多台设备有机地组合成一个系统。

2.设备与固定资产

设备属于固定资产的范畴。2006年12月，我国财政部颁布的《企业财务通则》规定，固定资产是使用时间超过一个会计年度的有形资产。固定资产是指企业为生产产品，提供劳务、出租或者经营管理而持有的，使用时间超过12个月的，价值达到一定标准的非货币性资产，包括房屋、建筑物、机器、机械、运输工具以及其他与生产经营活动有关的设备、器具、工具等。固定资产的成本需要能够计量，随之带来一系列经济利益可能流入企业的问题。设备是可供企业长期使用的固定资产的组成部分，它在使用过程中保持原有的属性，成本的输出能量化且在企业生产经营中产生经济利益。企业中百分之六七十的固定资产为机械设备，现代化的设备随着数量、质量、技术设计等购买成本的增加，企业的总固定资产经济利益增加，同样也会增加固定资产中机械设备的数量和比例。设备的价值体现在大大增加企业的总资本，对企业的兴衰具有重要意义。

3. 设备与企业

设备在物质资源越来越丰富的当今世界中为现代化工业企业的生产经营活动奠定了关键基础，居于重要地位。机器设备是现代化生产不可或缺的依托，避免了传统手工业的弊端，并加速了科技电子以及智能现代化的发展，是现代化工业企业的重要物质财富。可以说没有现代化的劳动设备，就没有现代化事物的大生产，更没有现代化产业。

一方面，设备贯穿企业生产和经营活动的整个过程。首先，企业生产商品前要进行市场调研，要对企业的基本生产条件包括硬件软件、人力物力等进行充分考察，只有具备足够的必备设施，企业生产出来的商品才能满足市场需求，供求关系才能平衡。其次，产品的质量是商品经营交易的精髓，是企业生产运营的灵魂。质量不过关的产品在日益激烈的消费市场犹如昙花一现，而生产设备的好坏和检测仪器的有效性是批量生产产品的关键因素。对设备的性能要求和技术控制直接影响产品产量、质量。产品的成本和盈利情况直接受设备的影响，生产过程中的原材料和能源的磨损及消耗也是对设备的考验。此外，设备还是影响生产安全、环境保护的主要因素，并对操作者的情绪有着不可忽视的影响。可见，设备是影响企业生产经营全局的重要因素。

另一方面，设备技术水平的高低是企业技术进步的重要标志。一个企业的生产能力、产品质量以及生产经营目标和成效是否达到理想值甚至超过预期，与生产设备的品种、数量、技术水平成正相关。现代经济高速发展，人才辈出，成果日新月异，设备的现代化水平迅速提高，现代设备正朝着大型化、高速化、精密化、电子化、自动化的方向发展，设备投资在企业总投资中占的比例越来越大，设备在企业经营中的作用和影响也越来越大。因此，企业必须高度重视提高设备的技术水平，把改善和提高企业技术装备的水平作为实现企业技术进步的主要内容。

(二) 设备的功能机构

机器是常见的设备，是具有代表性的设备装置，由零部件组成的机器通过运行转换能量，做有用功实现正常运转。一部完整的机器一般由五大部分组成，包括动力部分、传动部分、执行部分、控制部分和辅助部分。

1. 动力部分

动力部分也叫原动机，主要是为机器运行提供原动力，是驱动整个机器设备完成一系列操作的发动机源。动力部分把其他形式的能量转换为可以利用的机械能，例如汽轮机、内燃机、电动机的原理。一般来说，一部机器设备只有一个动力部分，但复杂的机器也可能有多个动力部分。

2. 传动部分

传动部分相当于一个运输的中间装置，它介于动力部分和执行部分之间，起桥梁运输并加工的作用。它的工作原理是把原动机的运动及动力传递给执行部分，达到运动速度和运动形式的相互切换。例如把旋转运动变为直线运动，把高转速变为低转速，把小转矩变为大转矩等。机器设备常见的传动类型有机械传动、流体传动、电力传动等，现实生活中的齿轮传动、蜗轮蜗杆传动、带传动、链式传动等属于机械传动，液压传动、气压传动、液力传动则属于流体传动。

3. 执行部分

执行部分作为机器的组成部分，实行执行功能，机器预先设置的功能就是通过执行部分完成的，一部机器不一定只有一个执行部分，可以把机器分解成好几个执行部分。例如，压路机的压辗是压路机的执行部分；桥式起重机有四个执行部分，即卷筒、吊钩、小车行走部分、大车行走部分，其中卷筒和吊钩起上、下吊放重物的作用，小车行走部分执行横向运送重物，大车行走部分执行纵向运送重物。

4. 控制部分

控制部分作为监督和控制机器的单元，是机器正常运行的必备工作部分，没有控制部分，机器就缺少指令。控制部分通过控制机器设备各部分的运动，确保机器的启动、暂停、停止等。

5. 辅助部分

辅助部分包括机器的润滑、显示和照明等部分，也是保证机器正常运行不可缺少的部分。

(三) 设备的分类

企业的设备种类繁多，大小不一，功能各异。为了设计、制造、使用及管理的方便，必须对设备进行分类。

1. 按机器设备的适用范围分类

(1) 通用机械。指企业生产经营中用途比较广泛的机器设备，如用于制造、维修机器的各种机床，用于搬运、装卸用的起重运输机械以及工业和生活中的泵、风机等均属于通用机械。

(2) 专用机械。指企业或行业为完成某个特定的生产环节、生产特定的产品而专门设计、制造的机器，它只能在特定部门和生产环节中发挥作用，不具有普遍应用的能力和价值。

2. 按设备用途分类

(1) 动力机械。指用作动力源的机械。例如，机器中常用的电动机、内燃机、蒸汽机等。

(2) 金属切削机械。指对机械零件的毛坯进行金属切削加工用的机器，可分为车床、铣床、拉床、镗床、磨床、齿轮加工机床、刨床和电加工机床等。

(3) 金属成型机械。指除金属切削加工机床以外的金属加工机械，如锻压机械和铸造机械等。

(4) 起重运输机械。指用于在一定距离内运移货物或人的提升和搬运机械，如各种起重机、运输机、升降机和卷扬机等。

(5) 工程机械。指在各种建设工程施工中，能够代替体力劳动的机械与机具，如挖掘机、铲运机和路面机等。

(6) 轻工机械。指轻工业设备，其范围较广，如纺织机械、食品加工机械、印刷机械、制药机械和造纸机械等。

(7) 农业机械。指用于农、林、牧、副、渔业等各种生产中的机械，如拖拉机、排灌机、林业机械、牧业机械和渔业机械等。

3. 按使用性质分类

（1）生产用机械设备。指企业中直接参与生产活动的设备，以及在生产过程中直接为生产服务的辅助生产设备，例如动力设备、电气设备和其他生产用具等。

（2）非生产用机械设备。指企业中用于生活、医疗、行政、办公、文化、娱乐、基建、福利、教育部门和专设的科研机构等单位所使用的设备。通常情况下，企业设备管理部门主要对生产设备的运动情况进行控制和管理。

（3）租出机器设备。指按规定出租给外单位使用的机器设备。

（4）未使用机器设备。指未投入使用的新设备和存放在仓库准备安装投产或正在改造，尚未验收投产的设备。

（5）不需要设备。指不适合本企业需要，已报上级等待处理的各种设备。

（6）租赁设备。指企业从其他单位租赁的设备。

4. 按设备的技术特性分类

按设备本身的精度、价值和大型、重型、稀有等特点分类，可分为高精度设备、大型设备、重型稀有设备。所谓高精度设备是指具有极精密元件并能加工精密产品的设备，大型设备一般是指体积较大、较重的设备，重型稀有设备是指单一的、重型的和国内稀有的设备及购置价值高的生产关键设备。

5. 按设备在企业中的重要性分类

按照设备发生故障后或停机修理时，对企业的生产、产品质量、成本、安全、交货期等方面的影响程度与造成损失的大小，将设备划分为三类：

（1）重点设备（也称 A 类设备），是重点管理和维修的对象，尽可能实施状态监测维修。

（2）主要设备（也称 B 类设备），应实施预防维修。

（3）一般设备（也称 C 类设备），为减少不必要的过剩修理，考虑到维修的经济性，可实施事后维修。

二、设备管理概述

(一) 设备管理的概念

设备管理是指以设备为研究对象，追求设备综合效率与寿命周期费用的经济性，应用一系列理论、方法，通过一系列技术、经济、组织措施，对设备的物质运动和价值运动进行全过程(从规划、设计、制造、选型、购置、安装、使用、维修、改造、报废直至更新)的科学管理。设备管理的主要目的是用技术上先进、经济上合理的装备，采取有效措施，保证设备高效率、长周期、安全、经济地运行，以保证企业获得最好的经济效益。

设备有两种形态：实物形态和价值形态。设备在整个寿命周期内都处于这两种形态的运动中。对应设备的这两种形态，设备管理也有两种方式，即设备的实物形态管理和设备的价值形态管理。

1. 设备的实物形态管理

设备从规划设置直至报废的全过程即设备实物形态运动过程。

设备从规划到实体设计、制造或选型、购置、安装调试合格，即具备了出厂要求的性能、精度等实物的技术状态。设备投入使用后，由于物理和化学的作用而产生磨损、磨蚀、老化，设备实物的技术性能逐渐劣化，精度逐渐降低，因而需要修复、技术改造和更新。从设备投入使用到报废是设备实物的物质寿命。设备管理工作的重点之一就是保证设备具有良好的技术状态，延长设备的物质寿命。

设备的实物形态管理就是从设备实物形态运动过程出发，研究如何管理设备实物的可靠性、维修性、工艺性、安全性、环保性及使用中发生的磨损、性能劣化、检查、修复、技术改造等技术业务，其目的是使设备的性能和精度处于良好的技术状态，确保设备的输出效能最佳。

2. 设备的价值形态管理

在整个设备寿命周期内包含的最初投资、使用费用、维修费用的支出，折旧、技术改造、更新资金的筹措与支出等，构成了设备价值形态运动过程。设备的价值形态管理就是从经济效益角度研究设备价值的活动，即新设备的研制、投资及设备运行中的投资回收，运行中的损耗补偿、维修、技术改造的经济性评价等经济业务，其目的就是使设备的寿命周期费用最经济。

传统的设备管理是使设备得到充分利用，并通过维修使其保持良好的技术状态。但是，设备的现代化产生了许多传统设备管理难以解决的问题，例如设备向大型化发展使设备投资增大，如何从技术、经济两方面合理选择就成为一个重要问题。此外，大型设备故障损失大，能源及原材料消耗大，对环境造成的污染问题严重；设备的高速化加剧了设备的磨损、腐蚀和劣化，加大了维修的难度及费用；设备自动化程度的提高又使得设备可靠性与维修成为较难解决的问题。现代设备管理就是以设备的一生为对象，对设备的实物运动形态和价值运动形态进行管理，前者是设备的技术管理，后者是设备的经济管理。把这两种运动形态管理统一起来，并注意不同管理层次的侧重点，从而实现在输出效能最大的条件下，设备的寿命周期费用最经济，即设备的综合效率最高。

（二）设备管理的意义

设备管理是企业进行生产和再生产的物质基础，也是现代化生产的基础。它对保证企业增加生产、确保产品质量、发展品种、产品更新换代和降低成本等都有十分重要的意义。

1. 设备管理是企业生产经营管理的基础工作

现代企业依靠机器和机器体系进行生产，生产中各个环节和工序要求严格地衔接、配合。生产过程的连续性和均衡性主要靠机器设备的正常运转来保证。如果不重视设备管理，设备状态时好时坏，甚至带病运转，必然造成设备故障频繁，使生产处于混乱状态。因此，只有加强设备管理，正确地操作使用设备，精心地维护保养设备，实时地进行设备的状态监测，科学地维修与技术改造，使设备处于良好的技术状态，才能保证生产连续、稳定地运行。

2. 设备管理是企业产品质量的保证

产品质量是企业的生命、竞争的支柱。产品是通过设备生产出来的，如果生产设备，特别是关键设备的技术状态不良、严重失修，必然会造成产品质量下降甚至废品成堆。加强企业质量管理，就必须加强设备管理，保证设备处于良好技术状态，才能为优质产品的生产提供物质上的必要条件。

3.设备管理是提高企业经济效益的重要途径

企业要想获得良好的经济效益，就必须适应市场需要，保证产品质优价廉。在现代工业生产中，产品的数量、质量，生产所消耗的能源、资源，产品成本的高低，在很大程度上受设备技术状态的影响。设备管理既影响企业的产出（产量、质量），又影响企业的投入（产品成本），因而是影响企业经济效益的重要因素。加强设备管理是挖掘企业生产潜力、提高经济效益的重要途径。

4.设备管理是搞好安全生产和环境保护的前提

设备技术落后和管理不善是发生设备事故和人身伤害，造成环境污染的重要原因。消除事故、净化环境是人类生存、社会发展的长远利益所在。加速发展经济，必须重视设备管理，确保设备运转状态良好，为安全生产和环境保护创造良好的条件。

5.设备管理是企业长远发展的重要条件

科学技术进步是推动经济发展的主要动力。企业的科技进步主要体现在生产装备技术水平的提高、产品的开发、生产工艺的革新上。企业要在激烈的市场竞争中求得生存和发展，需要不断采用新技术、开发新产品。工业企业设备管理包括设备的技术改造和更新，通过设备的技术改造和更新提高生产装备的技术水平。这就要求企业加强设备管理，推动生产装备的技术进步，以先进的试验研究装置和检测设备来保证新产品的开发和生产，实现企业的长远发展目标。

（三）设备管理的职能

在现代化的生产中，设备日趋复杂化、大型化、自动化、连续化、柔性化、智能化，使设备成为企业资产的主要成分。如何使企业设备正常运转，降低机械故障，减少事故停机，合理维修等，已成为企业提高生产效率、控制成本、加强市场竞争力的重要课题。因此，设备动力管理部门在工业企业中，尤其是大型工业企业中是十分重要的部门之一。企业设备管理的职责如下：

（1）负责企业的设备资产管理，使其保持安全、稳定、正常、高效运转，以保证生产需要。

（2）负责企业的动力等公用工程系统的运转，保证生产的电力、热力、能源等的需要。

（3）制订设备维修和技术改造更新计划，制定本企业的设备技术及管理的制度、规程。

（4）负责企业生产设备的维护、检查、监测、分析、维修工作，合理控制维修费用，保持设备的可靠性，充分发挥其技术效能，产生经济效益。

（5）负责企业设备的技术管理。设备是技术的综合实体，需要机械、电子、仪表、自动控制、热力工程等专业技术的管理与维修。同时还要执行国家各部门制定的有关特种设备的安全、卫生、环保等监察规程、制度。

（6）负责企业的固定资产管理，参加对设备的选型、采购、安装、投产、维修、技术改造、技术更新的全过程管理，做出经济技术分析评价。

（7）管理设备的各类信息包括设备的图样、资料、故障及维修档案、各类规范和制度，并根据设备的动态变化修改其内容。

第二节　电气设备档案管理

一、档案管理定义

（一）设备档案与设备资料的含义和区分

设备档案是指在设备管理的全过程中形成，并经整理应归档保存的图纸、图表、文字说明、计算资料、照片、录像、录音带等科技文件与资料，通过不断收集、整理、鉴定等工作归档建立的设备档案。

设备资料是指设备选型安装、调试、使用、维护、修理和改造所需的产品样本、图纸、规程、技术标准、技术手册以及设备管理的法规、办法和工作制度等。

设备的档案和资料都是设备制造、使用、修理等工作的信息方式，是管理和修理过程中不可缺少的基本资料。设备档案与资料的区别如下。

（1）档案具有专有的特征，资料具有通用的特征。

（2）档案是从实际工作中积累汇集形成的原始材料，具有丢失不可复得的特征；资料是经过加工、提炼形成的，往往是经正式颁布和出版发行的。设备档案也是一种资料，是特殊的资料。

设备档案与资料的管理是指对设备档案与资料的收集整理、存放保管、借阅传递、修改更新等环节的管理。

(二)电气设备技术档案

电气设备技术档案是指电气设备从规划、设计、制造(购置)、安装、调试、使用、维修改造、更新直至报废等全过程活动中形成并整理的应归档保存的图纸、图表、文字说明、计算资料、照片、录像、录音带等科技文件资料。它是企业技术档案的一部分。

(三)电气设备技术台账

电气设备技术台账是正确反映、证明和保证检修过程质量状态的重要技术资料，是电气设备全寿命周期健康状况的完整记录和设备实施状态检修工作不可缺少的重要依据，是电气设备的综合技术资料。设备台账管理包括设备台账的记录形式、格式规范、具体内容和要求。设备台账分为台账和卡片两种形式。

(四)主要电气设备

主要电气设备是指在生产中，直接影响生产过程进行，并决定生产能力的设备。

(五)一般电气设备

一般电气设备是指对生产能力、产品质量及安全生产影响不大的设备。

二、工作职责

(一)使用部门工作职责

负责本部门的电气设备安装、调试、使用、维护、维修、改造、更新报废等环节所有技术资料的收集、整理、归档管理工作。

(二) 管理部门工作职责

(1) 负责建立健全本部门全部电气设备档案资料、设备技术台账。主要设备应全部建立技术档案；一般设备应根据本部门生产工艺的重要程度而部分建立技术档案。

(2) 负责按规定的时间填写电气设备报表并上报上一级管理部门。

(3) 负责制定本部门电气设备技术规程、管理工作程序、各级工作职责及相应的工作标准。

(三) 电气设备档案资料

下面以某化工股份有限公司为例，说明其电气设备档案资料内容及相关管理要求。

1. 电气设备档案资料内容

其电气设备档案资料包括以下几项。

(1) 电气设备一览表 (A、B、C 类，汇总表)。

(2) 电动机汇总表。

(3) 电气设备安装使用说明书，合格证，试验、检验报告。

(4) 电气设备图纸、图表、文字说明、计算资料、照片、录像、录音带等。

(5) 电气设备安装、调试记录，竣工验收资料。

(6) 设备操作规程、维护检修规程、安全技术规程。

(7) 电气设备技术档案 (合订本)。

① 封面 (公司标识、记录发布编号、设备名称、设备编号、图纸编号、资产编号、所属单位、建档日期)。

② 设备技术档案的装订说明。

③ 设备卡片 (技术特性表)。

④ 主要零部件。

⑤ 主要 (重点) 设备动静密封点统计表，泄露部位难点登记表。

⑥ 运行台时记录。

⑦ 检修记录 (包括检验、试验及技术鉴定记录)。

⑧ 设备故障记录。

⑨设备事故记录(包括设备缺陷记录)。

⑩设备润滑记录。

(8)设备履历卡片(合订本)。

①封面(硬皮,内容有:公司标识、记录发布编号和"设备履历卡片"字样)。

②设备卡片目录。

③设备卡片。

④检修(大、中修)记录。

(9)固定资产清册(账卡)(由财务部统一制表)。

(10)设备技术台账。

①电气设备技术状况表。

②设备经济考核月报表。

③设备经济考核季报表。

④不完好设备登记表。

⑤主要生产设备运转率报表。

⑥主要电气设备技术革新成果记录表。

⑦变电室高压设备安全巡检表。

2.设备技术档案及设备履历卡片的填写要求

使用部门在建立设备技术档案及设备履历卡片时,应按设备技术档案和设备履历卡片表格的内容逐项填写完整。

3.检修记录的填写要求

(1)检修时间,修理类别(小修、中修、大修)。

(2)检修内容(包括检验内容)、项目、原因及发现的问题,修理或更换零部件名称、数量。

(3)主要设备的检修还应包括竣工验收记录。

(4)设备履历卡片检修记录的填写,如是主要设备的,填写修理类别及时间即可,如是一般设备的,参照标准要求进行填写。

4.设备报表填写上报

(1)每月3日前,把下列月度设备报表上报公司机械动力部。

①设备技术状况表。

② 设备经济考核月报表。

③ 不完好设备登记表。

④ 变电室高压设备安全巡检表。

(2) 每季度第一个月 6 日前，把下列季度设备报表上报公司机械动力部。

① 主要生产设备运转率报表。

② 设备经济考核季报表。

(3) 每年大检修后一个月内把下列设备档案资料上报公司机械动力部。

① 电气设备一览表（A、B、C 类，汇总表）。

② 电动机汇总表。

③ 主要电气设备技术革新成果记录表。

5. 图纸资料的管理

(1) 凡外购设备的随机图纸、资料及向外单位索取的主要图纸资料，由档案室统一保管，使用部门使用的应是复制件。

(2) 设备底图由档案室存放保管，使用部门需用时，要提出申请，并按规定审批，档案室按申请审批数量复制。

(3) 修改底图时，应通过原设计人员同意或主管领导批准后，方可修改。

(4) 工程项目投产后，竣工图、安装试车记录、设备使用说明书、质量合格证、隐蔽工程、试验记录等技术文件，由档案室保管，使用部门保存复制件。机械动力部保存主要设备、特种设备、锅炉、压力容器相关技术文件复制件。

(5) 公司内部设备搬迁、调拨时，其档案应随设备调出。设备报废后档案资料的处理，按相关规定执行。

(6) 设备技术基础资料，各部门应设专人负责管理，人员变更时，各部门的主管领导应按项交接清楚。设备技术资料应当齐全、完整、清洁、规格化，并及时整理、填写归档、装订成册。

(7) 图纸资料借阅管理。

① 资料管理员认真按"设备档案借阅登记表"填写各项。

② 借阅人在"设备档案借阅登记表"签字栏签字。

③ 绝密文件资料借阅，资料管理员需报请设备管理部门负责人批准后方可借阅。

④资料借阅时间规定为10天内，借阅期满，资料管理员应催收。需继续借阅者，应办顺延手续，该归还不归还或遗失、损失者，由设备管理部按其损失做估价赔偿。

⑤非公司人员不得借阅公司的设备档案资料。为本公司服务的人员，经设备部允许，可在资料室查阅有关的档案资料，但不得将档案资料带出资料室。外部人员因工作需要，需将档案资料带出资料室时，应经公司领导批准。

⑥原图原件或无备件的技术档案资料一律不得外借，只能在资料室查阅。

⑦本公司人员调出公司或办理退休手续前，有借阅设备档案资料未归还者，须到资料室办理归还手续；否则，办公室不得办理调动或退休手续。

⑧借阅资料应填写登记表。

第三节　电气设备安全管理

一、电气设备管理的目的和意义

要使企业良性运转、提高经济效益必须加强电气设备的安全管理，这样才能使企业降低成本，提高电气设备的使用效率，创造出更好的经济效益，使企业在激烈的市场竞争中立于不败之地。

电气设备安全管理的主要目的：一是保障电气设备正常、可靠运行；二是避免人身伤亡事故和设备事故发生。电气设备安全管理是一个系统工程，它贯穿电气设备的采购、安装、使用、维修的全过程，要避免电气设备安全事故发生，首先在采购时就必须对电气设备的先进性、经济性、安全性进行周密的论证；其次是在安装过程中，严格遵守安全操作规程，严格把关，监督到位；再次是对设备操作人员进行安全教育、技术培训，使操作人员熟练掌握操作技术，强化安全意识；最后对电气设备定期检查，视情维护，保证电气设备安全零事故零故障运转。

二、电气设备安全事故易发生的原因分析

进行故障原因分析时，对故障原因种类的划分应有统一原则，要结合本系统（或本企业）拥有的设备种类和故障管理的实际需要。分得过粗或过细，都不利于管理工作，其准则应是根据所划分的故障原因种类，能较容易地看出每种故障的主要原因或存在的问题。下面有针对性地剖析一下企业电气设备事故的原因。

（一）设备陈旧老化

企业中普遍存在短视行为，只重眼前利益，轻视企业长远可持续发展。造成企业只重短平快的经济效益，而不重视新设备的可持续发展。这样一来，企业的电气设备就得不到及时的更新，所以超期服役成了普遍现象，这样更使得企业设备相对落后，进而安全事故频发，同时也使设备的维修难度加大、使用成本提高。

（二）电气设备与生产环境不相适应

我国的电气设备很多是从国外进口的，企业使用后，必须与企业的具体条件相适应才能安全使用，但国外的设备对我国具体的企业生产环境针对性不强，所以往往会出现不匹配、不完善的地方。这样就对设备操作人员提出了较高的要求，只有依靠熟练的操作技术，才能弥补不足，安全地使设备度过磨合期。

（三）专业技术人员短缺造成设备检修不到位

企业设备已逐步由机械化向自动化转变，由于计算机的飞速发展，企业的自动化程度越来越高，大大提高了企业的生产效率，但同时也对企业的技术人员提出了更高的要求。我国在职业技术培训方面极为落后，这方面的人才匮乏，所以我国企业自动化设备的检修不到位、不全面、不仔细，造成设备长时间运转和误操作时有发生，给生产带来了重大的安全隐患。

（四）设备配件质量不过关

随着我国企业自动化的程度越来越高，相应地对设备配件质量的要求也越来越高，我国配件企业管理松散，标准规格不统一，零配件通用性差，对配件材料的材质把关不严，对生产配件的工艺要求不精，造成了配件质量难以得到保证，这样的配件使用起来安全隐患严重，增加了事故的发生率。

三、电气设备安全管理措施

（一）领导重视，全员强化安全意识

企业的领导要把安全意识放到企业的经济效益之上，制定严格的、规范的、可操作性强的安全规章制度，健全组织，强化监督，真正使安全规章制度落实到位。同时，对全体员工进行安全教育，使安全生产这根弦植入员工的脑海之中。

（二）制定安全隐患防范治理措施

重视和加强生产矿区的日常巡检、维修和检查工作，加强对电气设备的日常巡检工作，定期对设备进行测试，对有问题或技术指标达不到标准的设备要及时更换，做到问题早发现早解决，将事故隐患和苗头消灭在萌芽状态。安全监控系统的人员应该具备以下几个特点：思想立场坚定，安全意识强，专业技术知识过硬。安全监控系统的人员应单独培训、选拔，并受专门的安全监察部门监督，做到发现隐患及时反馈，立即采取有效的防范、处理措施。提高广大从业人员对作业安全的认识，确保从业人员学会电气设备的正确使用方法和保护措施。

（三）加强企业技术创新，提高设备的生产效率和安全系数

针对国外进口设备与我国企业具体施工环境不相匹配的问题，应当投入技术人员和资金进行创新，使之与我国企业生产环境相适应，同时必须强化安全指标，根据我国企业的具体情况，进行创新开发，提高其设备的安全性。

（四）严把配件采购关，确保配件质量

大的环境一个企业无法左右，但是作为一个负责任的企业，一定要确保配件的质量，这样才能确保电气设备安全运行，降低事故风险。虽然这样增大了企业的维修成本，却保证了设备的安全运行，同时也是对知识产权的有力保护，也能促进国内的配件企业加强质量关。

四、电气工作人员的培训与考核

在企业电气设备安全管理中，除了需要有规范的规章制度和先进的防护工具之外，人在安全管理中也起着关键的作用。电气设备事故中，往往人为的因素是主要的。电气工作人员上岗前必须经过培训，考核合格才能上岗。国家对电气工作人员的培训考核规定如下。

（1）对电气工作人员应定期进行安全技术培训、考核。各级电工必须达到国家颁发的各专业电工技术等级标准和相应的安全技术水平，凭操作证操作。严禁无证操作或酒后操作。

（2）新从事电气工作的工人、工程技术人员和管理人员都必须进行三级安全教育和电气安全技术培训，实习或学徒期满，经考试合格颁发操作证后才能操作。新上岗位和变换工种的工人不能担任主值班或其他电气工作的主操作人。

（3）供电系统的主管领导、工程技术人员、变配电所（站、室）的负责人、值班长、检修和试验班组长应按时参加当地业务主管部门的安全培训和考核。

五、停送电管理

企业用电应加强管理，停送电都应有相关规定，一般而言应符合下面几点。

（1）停送电联系应指定专人进行。非指定人员要求停送电时，值班人员有权不予办理。联系的方法采用工作票、停送电申请单、停送电联系单或电话联系等。

（2）停送电联系的时间、内容、联系人、审批人等项目应在上述停送电凭证内写明。严禁采取约时或其他不安全的方式联系停送电。

（3）在办完送电手续后，严禁再在该电气装置或线路上进行任何工作。

（4）用电话联系停送电时，值班员应将联系人的要求记入操作记录本，并重述一遍，准确无误后才能操作。双方对话应予录音，录音文件至少保存一周。若发生事故时，录音文件应保存至事故结案。

（5）执行工作票进行检修、预试工作时，工作负责人应按操作规程规定办理工作许可、工作延期、工作终结手续。

（6）遇有人身触电危险的情况，值班员可不经上级批准先行拉开有关线路或设备的电源开关，但事后必须立即向上级报告，并将详细情况记录在值班日志上。

（7）与地区供电部门的停送电联系，按当地供电部门规定执行。

六、临时用电安全管理

因工作需要架设临时线路时，应由使用部门填写"临时线路安装申请单"，经动力、安全技术部门批准后方可架设。

（1）临时线路使用期限一般为15天，特殊情况下需延长使用时间时应办理延期手续，但最长不得超过1个月。

（2）电气工作人员校验电气设备需使用临时线路时，时间不超过一个工作日者可办理临时线路手续，但在工作完毕后立即由安装人员负责拆除。

（3）架设临时线路的一般安全要求如下。

① 临时线路必须采用绝缘良好的导线，其截面应能满足用电负荷和机械强度的需要。应用电杆或沿墙用合格瓷瓶固定架架设，导线距地面的高度室内应不低于2.5m，室外不低于4.5m，与道路交叉跨越时不低于6m。严禁在各种支架、管线或树木上挂线。

② 全部临时线路必须由一个能带负荷拉闸的总开关控制，每一分路应装保护设施。装在户外的开关、熔断器等电气设备应有防雨设施。

③ 所有电气设备的金属外壳和支架必须有良好的接地（或接零）线。

④ 临时线路必须放在地面上的部分，应采取可靠的保护措施。临时线路与建筑物、树木、设备、管线间的距离应不小于《机械工厂电力设计规范》（JBJ6—1996）规定的数值。潮湿、污秽场所的临时线路应采取特殊的安全保护措施。

严禁在有爆炸和火灾危险的场所架设临时线路

七、电气设备接地、过电压保护与防雷装置管理

企业电气设备使用时须做好接地、防雷及过压保护措施。

(1) 接地装置的设计应按《交流电气装置的接地设计规范》(GB/T 50065—2011) 和《机械工厂电力设计规范》(JBJ6—1996) 执行。

(2) 电气装置的保护性或功能性接地装置可以采用共同的或分开的接地。

(3) 接地装置的设计必须符合下列要求。

① 接地电阻值应符合电气装置保护和功能上的要求,并长期有效。

② 能承受接地故障电流和对地泄漏电流而无危险。

③ 有足够的机械强度或有附加的保护,以防外界影响造成损坏。

④ 变配电所的接地装置应尽量降低接触电压和跨步电压。

⑤ 严禁使用输送易燃易爆气体、液体或蒸汽的金属管道作为接地线。

⑥ 每台电气设备的接地线应与接地干线可靠连接,不得在一根接地线中串接几个需要接地的部分。

⑦ 在进行检修、试验工作需挂临时接地线的地点,接地干线上应有接地螺栓。

⑧ 明设的接地线表面应涂黑漆。在接地线引入建筑物内的入口处和备用接地螺栓处,应标以接地符号。

⑨ 保护用接地、接零线上不能装设开关、熔断器及其他断开点。

(4) 不同用途和不同电压的电气设备,除另有规定者外,可使用一个总接地体,但接地电阻应符合其中最小值的要求。

(5) 在中性点直接接地的低压电力网中,电气设备的金属外壳应采用接零保护。在中性点非直接接地的低压电力网中,电气设备的金属外壳应采用接地保护。

(6) 由同一台发电机、同一台变压器或同一段母线供电的低压电力网上的用电设备只能采用一种接地方式。

(7) 下列电气设备的金属部分,除另有规定外,均应接地或接零。

① 电机、变压器、开关设备、照明器具和其他电气设备的底座或外壳。

② 电气设备及其相连的传动装置。

③ 配电柜与控制屏的框架。

④ 互感器的二次绕组。

⑤ 室内外配电装置的金属构架，钢筋混凝土构架的钢筋，以及靠近带电部分的金属围栏和金属门。

⑥ 电缆的金属外皮，电力电缆的接线盒与终端盒的外壳，电气线路的金属保护管，敷线的钢索及电动起重机不带电的轨道。

⑦ 装有避雷线的电力线路杆塔。

⑧ 在非沥青地面的厂区、居民区无避雷的小接地短路电流系统架空电力线路的金属杆塔。

⑨ 安装在电力线路杆塔上的开关、电容器等电力设备的金属外壳及支架。

⑩ 铠装控制电缆的外皮，非铠装或非金属护套电缆的 1～2 根屏蔽芯线。

(8) 接地装置的各连接点应采用搭接焊，必须牢固无虚焊。通用电气设备的保护接地 (零) 线必须采用多股裸铜线，并符合截面和机械强度的需要。有色金属接地线不能采用焊接时，可用螺栓连接，但应注意防止松动或锈蚀。利用串接的金属构件、管道作为接地线时，应在其串接部位另焊金属跨接线，使其成为一个完好的电气通路。

(9) 接地装置的接地电阻，应符合下列规定。

① 大接地短路电流系统的电力设备，接地电阻不应超过 0.5Ω；小接地短路电流系统的电力设备，接地电阻不应超过 10Ω。

② 低压电力设备的接地电阻不应超过 4Ω，总容量在 100kVA 以下的变压器、低压电力网接地电阻不应超过 10Ω。

③ 低压线路零线每一重复接地装置的接地电阻不应大于 10Ω；在电力设备接地装置的接地电阻允许达到 10Ω 的电力网中，所有重复接地装置的并联电阻值不应大于 10Ω。

防静电的接地装置可与感应雷防护和电气设备的接地装置共同设置，其接地电阻值应符合感应雷防护和电气设备接地的规定；只做防静电的接地装置，每一处接地体的接地电阻值不应大于 100Ω。

(10) 电力设备的过电压保护装置的设计应按国标《交流电气装置的过

电压保护和绝缘配合设计规范》(GB/T 50064—2014)和《机械工厂电力设计规范》(JBJ6—1996)中的有关规定执行。

(11) 室外高压配电装置应装设直击雷保护装置,一般采用避雷针或避雷线。独立避雷针(线)宜设立独立的接地装置,其接地电阻不宜超过10Ω。

(12) 装有避雷针(线)的照明灯塔上的电源线,必须采用直接埋入地下的带金属外皮的电缆或穿入金属管中的导线。电缆或金属管理在地下的长度在10m以下时,不得与35kV及以下配电装置的接地网及低压配电装置相连接。独立避雷针不应设在行人经常通过的地方。避雷针及其接地装置与道路或出入口的距离不应小于3m,否则应采取均压措施。

(13) 变配电所应采取措施,防止或减少近区雷击闪络。变配电所未沿全线架设避雷线的35kV架空线,在变电所的进线段,与35kV电缆进线段应按设计规范规定装设相应的避雷线或避雷器等,35kV有变压器的变电所的每组母线上及35kV配电所应按重要性和进线路数等具体条件,在每路进线上或母线上按规定装设避雷器。

35kV变电所的3~10kV配电装置,应在每组母线和每路架空进线上装设阀型避雷器。其他3~10kV配电装置,可仅在任一回路进线上装设阀型或管型避雷器。

(14) 与架空线路连接的配电变压器和开关设备的防雷设施如下。

①3~10kV配电变压器宜采用阀型避雷器或采用三相间隙保护。

②3~10kV配电变压器其高低压侧均应用阀型避雷器保护。

③3~10kV柱上断路器、负荷开关、隔离开关应用阀型或管型避雷器或间隙保护,经常开路运行而又带电的柱上油开关设备的两侧均应装设防雷装置。

④ 在多雷区,配电变压器的低压侧也应设一组避雷器或击穿保险器。

(15) 与架空电力线路直接连接的旋转电机应根据电机容量、当地雷电活动的强弱和对运行的要求,按设计规范装设防雷保护装置。

(16) 建筑物的防雷要求如下。

① 第一、二类建筑物应有防直击雷、防雷电感应和防雷电波侵入的措施。

② 第三类建筑物应有防直击雷和防雷电波侵入的措施。

（17）其他防雷措施。

① 不属于第一、二、三类工业建筑物的厂区或生活区内的其他建筑物，为防止雷电波沿低压架空线侵入，在进户处或接户杆上应将绝缘子铁脚接地，其冲击接地电阻应不大于30Ω。

② 易燃、易爆物大量集中的露天堆场，应采取适当的防雷措施。

③ 严禁在独立避雷针（线）的支柱上悬挂电话线、广播线及低压架空线等。

（18）新建、扩建、改建项目的接地、过电压保护、防雷装置必须按已批准的正式设计施工。

原有接地、过电压保护、防雷装置也应符合要求。

（19）应对接地、过电压保护与防雷装置建立健全有关技术和管理资料。装置变更时，应及时修改图纸、资料，使其与实际相符。

（20）应对接地装置、过电压保护、防雷装置定期进行检查和测量接地电阻值，并将结果记录归档。

八、电气事故处理

电气事故发生后，须遵循正确的程序来处理，将损失降低到最低程度，避免事故扩大。国家规定如下。

（1）电气事故处理的原则是尽快消除事故点，限制事故的扩大，解除人身危险和使国家财产少受损失，并尽快恢复供电。

（2）发生触电事故时，应立即断开电源，抢救触电者，并应保护事故现场，报告有关领导和地方有关部门及上级主管部门。

（3）供电系统发生事故时，值班员必须坚守岗位，及时报告主管领导，并积极处理事故。在事故未分析、处理完毕或未得到主管领导同意时，不得离开事故现场。

（4）交接班时发生事故，交班人应留在工作岗位上，并以交班人为主处理事故。

（5）高压系统发生重大事故，还应尽快报告当地电管部门。

（6）要按"三不放过"的原则，认真、实事求是地分析处理事故。对事故责任者根据情节轻重给予批评教育、纪律处分，直至追究法律责任。

九、电气设备安全标志

电气设备在使用或检修、维护过程中应设置各种安全标志，起到提醒、警告作用，避免发生安全事故。安全标志必须规范。

（1）安全标志使用的颜色和格式、内容必须符合国标《安全色》（GB 2893—2008）和《安全标志及其使用导则》（GB 2894—2008）的有关规定。

（2）安全标志牌根据用途可分为禁止、警告、提醒、许可四类。一般宜采用非金属材料制作。用金属材料制作的安全标志牌不能挂在导电体上或接近导电部分。

十、高低压配电装置管理规定

根据运行可靠、维护方便、技术先进、经济合理的原则，要求配电装置有良好的电气特性和绝缘性能，动作灵敏，工作可靠性高。在配电装置过负荷或短路时，应能承受大电流所产生的机械应力和高温的作用，即能满足动稳定和热稳定的要求。此外，配电装置应能保证设备操作、维护和检修的方便，以及保证操作人员的人身安全。

（1）配电装置的绝缘等级应符合电力系统的额定电压和环境特点的要求。

（2）在断路器和刀闸（隔离开关）之间，必须装设动作可靠的安全联锁装置。电源侧刀闸和配电装置网门（或安全遮拦网门）之间也应装设安全联锁装置。

（3）高压配电装置应配备必要的绝缘监视、接地、过负荷、短路等继电保护装置和相应的灯光音响信号装置。

（4）配电装置各回路相序排列应一致，硬导体的各相应按规定涂色，绞线一般只标明相别，配电装置应编号，各种开关的"分""合"标志要明显。

（5）户外高压配电装置带电部分的上面或下面，严禁照明、通信和信号等架空线路通过。户外高压配电装置之间和周围必须有保证人身安全的操作、巡视通道。

（6）户内高压配电装置中总油量为60kg以下的电流互感器、电压互感器和单台断路器，一般应安装在两侧有隔板的间隔内；总油量为60~600kg时，应安装在有防爆隔墙的间隔内；总油量超过600kg时，应安装在单独的防爆间内。

(7) 户内成套高压配电装置下面的检查坑道深度为 1m 及以上时，各台装置之间应用砖墙隔开。采用通行地沟时，应装设电缆头防护隔板，每一间隔下方应设置检修时能临时拆卸的保护网。

(8) 低压配电装置室内通道的宽度应不小于下列数值。

① 配电屏单列布置，屏前通道为 1.5m。

② 配电屏双列布置，屏前通道为 2m。

③ 屏后通道：单列布置为 1m。

④ 双列布置共用通道为 1.5m，动力配电箱前通道为 1.2m。

(9) 低压配电装置室内裸导电体与各部分的安全净距应符合下列要求。

① 跨越屏前通道的裸导电体的高度不应低于 2.5m。

② 屏后通道裸导电体的高度低于 2.3m 时应加遮护，遮护后通道高度不应低于 1.9m。

(10) 配电装置中相邻部分的额定电压不同时，应按较高的额定电压确定安全净距。

(11) 配电装置室内不应有与配电装置无关的管道、线路通过。

十一、继电保护、自动装置和自备电源安全管理规定

(1) 变配电所的电力装置应根据电压等级、容量、运行方式和用电负荷性质等设置相应的继电保护和自动装置。继电保护和自动装置应能尽快地切除短路故障，保证人身安全与限制故障设备、线路的损坏，减少故障损失，并发出必要的信号。

继电保护和自动装置的设计必须符合《电力装置的继电保护和自动装置设计规范》(GB/T50062—2008) 的规定。

(2) 保护装置应装设能准确显示保护装置各组成部分动作情况的灯光、音响信号。对有人值班的变配电所，信号应发至值班室。无人值班的变配电所，信号应发至总值班室。

(3) 自备发电机的装设，必须符合下列要求。

① 自备发电机与外来电源的电压、频率、相序必须一致。

② 不并网的自备发电机应有可靠的联锁装置，切实保障在外来电源的

开关断开后，自备发电机能并入本单位的供电网路。

③ 大容量可并网的自备发电机组应按电业系统的规定办理。

④ 自备电源的投入或退出运行，应设有明显的断开点和显示标志。自备发电组应配齐各种继电保护、信号装置和安全防护设施。

(4) 具有双回路电源的高压配电装置，应有可靠的防止双回路同时投入的安全联锁装置。

(5) 继电保护和自动装置必须有可靠的操作控制电源，以保证在故障时继电保护和自动装置能可靠地动作。

第六章　设备管理技术

第一节　设备管理的基本内容

一、设备管理的主要任务

设备管理包括四项主要任务。

(一) 保持设备完好

设备完好一般包括：设备零部件、附件齐全，运行正常；设备性能良好，加工精度、动力输出符合标准；原材料、燃料、能源、润滑油消耗正常三个方面的内容。

(二) 改善和提高技术装备素质

技术装备素质是指设备的工艺适用性、质量稳定性、运行可靠性、技术先进性，机械化和自动化程度等方面。企业需不断对设备进行更新改造和技术换代，以不断满足企业生产发展的需求。

(三) 充分发挥设备效能

设备效能是指设备的生产效率和功能。它不仅包括单位时间内设备生产能力的大小，也包含适应多品种生产的能力。

(四) 取得良好的投资效益

设备投资效益是指设备一生的产出与其投入之比。取得良好的设备投资效益，也是以提高经济效益为中心的方针在设备管理工作中的体现，也是设备管理的出发点和落脚点。

提高设备投资效益的根本途径在于推行设备的综合管理。首先要有正确的投资决策，采用优化的设备购置方案。其次在寿命周期的各个阶段，一方面加强技术管理，保证设备在使用阶段充分发挥效能，创造最佳的产出；另一方面加强经济管理，实现最经济的寿命周期费用。

二、设备管理的基本内容

企业设备管理组织应在以下方面有效地履行自己的职能。

(一) 设备的目标管理

作为企业生产经营中的一个重要环节，设备管理工作应根据企业的经营目标来制定本部门的工作目标。

企业需要提高生产能力时，设备管理部门就应该通过技术改造、更新、增加设备或强化维修等方式满足生产能力提高的需要。

(二) 设备资产的经营管理

设备资产的经营管理包括：对企业所有在册设备进行编号、登记、设卡、建账，做到新增有交接，调用有手续，借出、借(租)入有合同，盈亏有原因，报废有鉴定；对闲置设备通过市场及时进行调剂，一时难以调剂的要封存、保养，减少对资金的占用；做好有关设备资产的各种统计报表；对设备资产要进行定期和不定期的清查核对，保证有账、有卡、有物，账面与实际相符。

(三) 设备的前期管理

设备的前期管理又称设备规划工程，是指从制定设备规划方案起到设备投产止这一阶段全部活动的管理工作，包括设备的规划决策、外购设备的选型采购、自制设备的设计制造、设备的安装调试和设备使用的初期管理五个环节。其主要内容包括：设备规划方案的调研、制定、论证和决策；设备货源调查及市场情报的搜集、整理与分析；设备投资计划及费用预算的编制与实施程序的确定；自制设备的设计方案的选择和制造；外购设备的选型、订货及合同管理；设备的开箱检查、安装、调试运转、验收与投产使用，设备初期使用的分析、评价和信息反馈等。做好设备的前期管理工作，为设备投产后的使用、维修、更新改造等管理工作奠定基础、创造条件。

（四）设备的状态管理

设备的状态是指其技术状态，包括性能、精度、运行参数、安全、环保、能耗等所处的状态及其变化情况。设备状态管理的目标就是保证设备的正常运转，包括设备的使用、检查、维护、检修、润滑等方面的管理工作。

（五）设备的润滑管理

润滑工作在设备管理中占有重要的地位，是日常维护工作的主要内容。企业应设置专人（大型企业应设置专门机构）对润滑工作进行专责管理。

润滑管理的主要内容是建立各项润滑工作制度，严格执行定人、定质、定量、定点、定期的"五定"制度；编制各种润滑图表及各种润滑材料申请计划，做好换油记录；对主要设备建立润滑卡片，根据油质状态监测换油，逐步实行设备润滑的动态管理；组织好润滑油料保管、废油回收利用工作等。

（六）设备的计划管理

设备的计划管理包括各种维护、修理计划的编制和实施，主要有以下几方面内容：根据企业生产经营目标和发展规划，编制各种修理计划和更新改造规划并组织实施；制定设备管理工作中的各项流程，明确各级人员在流程实施中的责任；制定有关设备管理的各种定额和指标及相应的统计、考核方法；建立和健全有关设备管理的规章、制度、规程及细则并组织贯彻执行。

（七）设备的备件管理

备件管理工作的主要内容涉及组织好维修用的备品、配件的购置、生产、供应。做好备品、配件的库存保管，编制备品、配件储备定额，保证备品、配件的经济合理储备。采用新技术、新工艺对旧备品、配件进行修复翻新。

(八) 设备的财务管理

设备的财务管理主要涉及设备的折旧资金、维修费用、备品、配件资金、更新改造资金等与设备有关的资金管理。

从综合管理的观点来看，设备的财务管理应包括设备一生全过程的管理，即设备寿命周期费用的管理。

(九) 设备的信息管理

设备的信息管理是设备现代化管理的重要内容之一。设备信息管理的目标是在最恰当的时机，以可接受的准确度和合理的费用为设备管理机构提供信息，使企业设备管理的决策和控制及时、正确，使设备系统资源 (人员、设备、物资、资金、技术方法等) 得以充分利用，保证企业生产经营目标的实现。设备信息管理包括各种数据、定额标准、制度条例、文件资料、图纸档案、技术情报等，大致可分为以下几类:

(1) 设备投资规划信息。

(2) 资产和备件信息。

(3) 设备技术状态信息。

(4) 修理计划信息。

(5) 人员管理信息。

(十) 设备的节能环保管理

近年来，随着国家对能源及环保问题的重视，企业大都设置了专门的节能及环保机构对节能和环保工作进行综合管理。设备管理部门在对生产及动力设备进行 "安全、可靠、经济、合理、环保" 管理的同时，还应配合其他职能部门共同做好节能和环保工作，其范围包括: 贯彻国家制定的能源及环保方针、政策、法令和法规，积极开展节能及环保工作; 制定、整顿、完善本企业的能源消耗及环保排放定额、标准; 制定各项能源及环保管理办法及管理制度; 推广节能及环保技术，及时对本企业高能耗及高排放的设备进行更新和技术改造。

第二节　设备的前期管理

一、设备的规划与选型

(一) 设备的规划

设备规划是根据企业战略方针和经营目标，综合考虑企业的发展方向、科研水平、新品开发、节能环保、安全可靠等因素制定的。它是设备前期管理的首要问题，既影响设备的综合效益，同时也是企业总体规划的重要组成部分。

1. 设备规划的依据

(1) 企业发展的需要。企业考虑自身的长远发展，出于提高生产效率、产品质量，节约成本，增强企业竞争力等需要，提出设备采购、更新换代等要求。

(2) 设备自身更新换代的需要。设备的有形或无形磨损会使其失去原有的生产价值，导致生产效率低下、产品质量无法保证、成本损耗变高等一系列问题。为提高生产效率、保证市场竞争力，需进行更换。

(3) 符合政策的需要。国家出于环保节能、供给侧结构改革等一系列原因做出的宏观调控或出台的政策，对企业的设备规划提出了一定要求。

(4) 其他因素。国内外相关设备的发展更新、企业自身的融资及还贷能力等。

2. 设备规划的程序

(1) 提出建议。各相关主管部门根据企业发展需要及市场需求提出设备规划建议，如：生产主管部门出于节约成本、提高生产效率的需求提出设备更新，安全环保部门出于提升安全系数、减少污染物排放等需求提出设备更换，科研部门出于科研需要提出设备更换增添。

(2) 论证与综合平衡。企业规划部门对各主管部门提出的建议进行归纳汇总，综合平衡各项因素，同时结合企业自身的资金运转能力，对设备引进建议进行论证。

(3) 主管部门批准。规划部门提出规划草案，并确保草案的客观性、真实性，报主管部门及领导批准。

（4）制定年度规划。草案经主管部门批准后反馈至规划部门，规划部门以此为依据制定年度设备引进规划，然后发送至设备管理部门具体落实。

（二）设备的选型

1. 选型的基本原则

（1）生产上适用。所选购的设备必须符合企业生产及扩大再生产的需求，适应企业产品开发的需要。

（2）技术上先进。在保证生产适用的基础上，还需保证引进设备指标性能上的先进性，以实现提高产品质量的目的，同时延长设备的技术寿命，延缓更新报废的年限。

（3）经济上合理。设备选型要符合企业现有经济条件，在满足生产需求的前提下，优先选择性价比高、低能耗、低维护费用的型号。

2. 选型的主要因素

（1）设备参数的选择

① 生产率。设备的生产率一般用设备单位时间内的产品生产量来表示。一般来说，应优先选择生产率高的设备，但应兼顾企业的生产规模、经营计划、原料供应、运输能力等实际情况，尽量保证生产平衡。

② 工艺性。设备满足产品工艺需求的能力称为工艺性。工艺性好的设备需满足生产高质量产品的需要，要充分保证产品尺寸、功能上的精确性，要保证设备操作控制轻便灵活。一般生产量大的设备要求其具备高度自动化的性能，危险作业则要求设备具有远距离监控的功能。

（2）设备的安全性和可靠性

① 安全性。为保证生产的安全性，避免突发事故造成人员伤亡、物品损失等，引进设备须有足够的安全防护装置。

② 可靠性。设备的可靠性指其在规定时间、规定条件下完成规定工作量的能力。确保设备的高质量是保证其可靠性的前提条件，不仅关系到产品的生产效率，更关系到能否如期交货，能否保证产品质量等关键问题。保证设备的可靠性要求设备的主要零部件故障频率越低越好，故障发生间隔越长越好，维修难度越低越好。

(3) 设备的维修性和操作性

① 维修性。设备的维修性指当设备出现故障时，对其进行维修并恢复原有功能的难易程度。衡量设备的维修性可考虑以下几个因素：一是易检查性，即利用仪器设备快速诊断故障部位及故障原因的能力；二是易拆装性，即设备设计合理、结构简单，损耗部件容易拆装更换的性能；三是零部件标准性，即保证所有零部件损耗后容易找到标准化替代组件；四是自动化修复程度，即设备通过提前预防、故障后自动调整参数、自动补偿损耗部件等手段在无人工介入的前提下完成修复的能力。

② 操作性。设备的操作性指其符合使用者生理及心理条件，能以最简便的操作和最短的时间完成产品生产的性能。如：设备操作空间、按键、控杆等符合人体生理限度；设备噪声、色彩等操作环境符合人体心理限度。

(4) 设备的节能性和环保性

① 节能性。节能性指设备生产单位产品所消耗的能源量大小，通常包括所消耗的原材料及能源多少。但同时也应考虑不同原材料及能源的经济成本。

② 环保性。环保性指设备生产时所产生的噪声、排放物等需控制在符合人体安全标准的范围内。

(5) 设备的经济性。经济性指企业引进设备初期投入少、生产效率高、使用寿命长、故障频率低、能源消耗少、管理维护费用低等特点。通常情况下，设备不能同时具备以上所有特点，需要企业综合考虑衡量，保证设备在其使用寿命期限内达到经济效益的最大化。

(6) 设备的配套性。设备的配套性指设备自身及其他设备之间的配套程度。首先，引进设备须与企业原有设备相配套，保证设备之间能够完好配合，良性运转；其次，引进设备还需与企业生产任务相配套，避免产能过剩造成浪费或产能不足无法完成生产任务。

3. 选型的一般步骤

(1) 设备预选。通过各种渠道(产品样本、广告、网络、推销等)广泛收集国内外市场货源信息，并对其进行分类汇总，根据企业自身需求及购买能力选出可供选择的机型及厂商。

(2) 设备细选。联系预选厂商进行具体咨询和调查，咨询内容包括产品技术参数、性能、效率、精度、质量、价格、附件、交货期、售后服务等，同时通过市场调查了解厂商服务质量及信誉作为参考因素。选出 2 ~ 3 个有合作意向的厂商。

（3）设备决策。与细选出的厂商进行洽谈，提出企业订货要求，具体包括设备机型、规格、性能、附件、图样资料、需求量、交货期、包装运输等条件。

厂商按订货需求提出报价书，企业可与厂商磋商进行设备性能测试。在综合考虑性能测试结果及设备报价的前提下，由企业规划管理及设备使用部门商议，做出最终决策。但同时应做好第二、第三方案，以备首选方案出现不可预估的问题时采用。方案经主管部门及领导批准后，方可正式签订合同。

（三）设备的采购

1. 订货程序

设备订货的程序一般包括调查货源、咨询价格、厂商报价、磋商洽谈、签订合同。

已列入国家计划的设备投资项目，如为国内生产的设备，须由需求单位向主管部门提出设备引进申请计划，一经批准，上级方可下达分配指标，直接与指定厂商联系磋商，签约订货，由上级或物资主管部门进行调拨。

专用设备、生产线，价值较高的单台通用设备及国外设备订购，一般应采用招标的方式进行，具体分为以下三种：

（1）公开招标。包括国内竞争性招标和国际竞争性招标。

（2）邀请招标。在设备采购金额不大、可供选择的厂商有限、招标项目特殊等情况下，需求方可根据市场调查的结果，直接邀请有资质的厂商进行投标。

（3）谈判招标（议标）。招标人根据企业需求直接选定几家厂商进行非公开、非竞争性的合同谈判。

2. 采购管理要点

（1）信息搜集。尽量广泛地搜集市场上可供选择的货源及厂商信息，必要时可直接与厂商联系并进行具体咨询，咨询内容包括设备型号、参数、性能、质量、精度、能耗、价格、附件，厂商规模，服务质量，行业信誉等，建立设备采购资源信息库。

（2）厂商选择：

① 寻求长期合作方。即由长期的业务往来建立起良好合作关系、彼此信任、质量有保证、价格合理的厂商。

② 寻找总承包商。当订购需求量较大时，可寻找总承包商，利用其信息、资源优势，打包委托订购。

③ 自行选择厂商。需求方通过市场调查、现场考察、性能测试、设备对比等途径，综合考虑，直接选定厂商。

（3）计划与进度跟踪。根据合同计划，制订与之匹配的采购计划，并设立管理查询及进度跟踪机制，密切与厂商联系。

3. 订货须知

（1）签订设备订购合同注意事项

① 签订合同通常以供需方来往函电的商谈结果作为依据。

② 合同须明确供需双方观点，表达清晰、准确无误。正文中无法详述的事项，可以附件形式作为补充。附件部分必须由供需代表双方签字盖章。

③ 合同必须符合国家的相关政策法规。

④ 合同中需列入突发事项预案，明确双方责任。

⑤ 合同签订需清晰明确、手续齐全，并由供需方加盖双方合同专用章。

（2）履行设备采购合同注意事项

① 设备采购过程中，采购方未按合同履行货款清付及其他义务时，设备归供应方所有。

② 供应方应履行向采购方交付设备的义务或提供提取设备的凭证，并须按约定向采购方提供设备的有关资料。

③ 除法律规定或相关方另有约定，具有知识产权的设备，其知识产权不归采购方所有。

④ 若设备质量不达标，采购方可拒绝接受设备或直接解除采购合同，由此产生的设备毁损、灭失等损失由供应方承担。

⑤ 采购方在设备检验期间，须将所采购设备中质量或数量不达标的情况及时告知供应方，未及时通知的，视为默认设备符合规定。

⑥ 分期付款采购设备时，若采购方未支付到期货款达到总货款的1/5，

供应方有权要求采购方支付全部货款或解除合同。因以上情形导致合同解除的,供应方有权向采购方提出支付设备使用费的要求。

⑦引进国外设备,要选定国际公证商检机构对设备进行质量检验。

4. 合同内容

设备采购合同中应包括以下内容:

(1) 供需双方的单位名称、详细地址、联系方式、签约代表、一般纳税人号码。

(2) 设备的名称、型号、规格、数量和计量单位 (台、件、套等),所供货物应包括主机、标准件、特殊附件、随机备件等。

(3) 设备的质量标准、技术要求和验收标准。

(4) 设备的包装、运输、保险等费用,单价及合同总价,付款及结算方式,银行账号等。

(5) 合同期限、地点、交付方式、交货与收货单位全称、交 (提) 货及检验方法等。

(6) 供应方提供的技术服务、人员培训、安装调试的技术指导等。

(7) 违约责任。供需双方违反合同规定的处理方法、赔偿损失的范围及金额等。

(8) 合同签订日期和履行合同的有效期。

(9) 解决供需双方矛盾纠纷的途径和方法。

(10) 供需双方认为有必要列入合同的其他条款。

5. 合同管理

订货过程中的所有文件资料都应做好分类登记,妥善保管,具体包括订货合同 (含附件及补充文件),订货凭据,供需双方来往函电、商谈纪要等。以上均可作为订货过程查询、执行合同备查、协调供需方矛盾的依据,需建立专门的台账和档案进行分类管理。

(四) 设备的到货验收

1. 设备到货期验收

设备到货交付需严格按照合同规定的时间、地点进行,到货时差可能会对企业造成一定影响和经济损失。过早交货会增加企业的场地、保管费用；过晚交货会影响企业的生产进度，打乱企业的生产计划；进口设备还要承担汇率变化引发的经济风险。

2. 设备完整性验收

（1）设备到达指定地点后，须由企业工作人员开展验货管理工作，核对到货设备名称、型号、数量等是否符合合同规定。如运输、装卸等原因造成了设备损坏，则需做好现场记录，并及时办理装卸运输部门签证等相关业务。

（2）做好接货后的保管工作，确保设备到货的完整性。

（3）组织专门人员对到货设备进行开箱检验，并做好检查记录，同时详细填写开箱检查验收单。

（4）对交接验收中存在损耗的设备，按照合同中的有关条款规定，与供应商、运输部门、管理部门、保险部门等协商办理索赔手续。

二、设备的安装、验收

设备安装是指将已到货并已经开箱检查的外购设备按照设备工艺平面图及有关安装技术要求，安装在规定的基础上，进行找平、稳固，达到安装规范的要求，并通过调试、运转、验收使之满足生产工艺要求。设备的安装、调试过程必须由供应商在场进行指导，设备部进行安装，与企业正在使用的型号相同的设备可以由设备使用部门自行安装，出现问题时，应要求供应商进行指导。

（一）设备的安装

1. 设备开箱检查

按库房管理规定办理出库手续，设备开箱检查由设备采购部门、设备主管部门组织，安装部门、设备工装部门及使用部门参加。开箱检查内容如下：

（1）检查箱号、箱数及外包装情况，发现问题要做好记录，以便及时处理。

（2）按照装箱单核对设备型号、规格，清点零件、部件、工具、附件、备件以及说明书等技术资料是否齐全，有无缺损。

（3）检查设备在运输过程中有无锈蚀，如有，应及时清除并注意防锈。

（4）凡未清洗过的滑动面严禁移动，以防研损。清除防锈油时最好使用非金属刮具，以防产生新损伤。

（5）不需安装的备品、备件、工具等应注意妥善保管，安装完工后一并移交给设备使用单位。

（6）检查核对设备的基础图和电气线路图与设备实际情况是否相符，检查基础安装部分的地脚螺栓孔等有关安装尺寸和安装零件是否符合要求，检查电源接线口的位置及有关参数是否与说明书一致。

（7）检查后做出详细检查记录，作为设备原始资料入档。对设备严重破损、锈蚀等情况，可采用拍照或图示方式说明，以备查询，也可作为向有关单位索赔时交涉的依据。

2. 设备基础准备

设备基础对设备的安装质量、设备精度的稳定性以及加工产品质量等均有很大影响。因此，基础设计应根据动力机器的特性，合理选择有关动力参数和基础形式，做到技术先进、经济合理，为正常生产提供可靠的保障。

3. 设备的安装

（1）设备的清洗。设备安装前，应进行清洗。应将防锈层、水渍、污物、铁屑、铁锈等清洗干净，并涂抹上润滑油脂。

（2）设备的定位。设备安装定位的基本原则是满足生产工艺、维修、技术安全、工序连接等方面的需要和要求。设备在车间的安装位置、排列、标高以及立体、平面间相互距离等应符合设备布置平面图及安装施工图的规定。设备的定位具体要考虑以下因素：

① 适应产品工艺流程及加工条件的需要（包括环境温度、粉尘、噪声、光线、振动等）。

② 保证最短的生产流程，方便工件的存放、运输和切屑的清理，以及保证车间平面的最大利用率，并方便生产管理。

③ 设备的主体与附属装置的外形尺寸及运动部件的极限位置。

④ 设备安装、工件装夹、维修和安全操作的需要。

⑤ 厂房的跨度、起重设备的高度、门的宽度与高度等。

⑥ 动力供应情况和劳动保护的要求。

⑦ 地基土壤地质情况。

⑧ 平面布置应排列整齐、美观，符合设计资料有关规定。

（3）设备的安装找平。设备安装找平的目的是保持其稳定性，减轻振动（精密设备应有防振、隔振措施），以避免设备变形，防止不合理磨损及保证加工精度等。安装设备用的地脚螺栓一般随机带来，也可自行设计，规格符合设计要求即可。垫铁的作用是使设备安装在基础上有较稳定的支撑和较均匀的载重分布，并可以借助垫铁调整设备的安装水平和装配精度。

（二）设备的试运行

不同设备的试运行内容和检验项目各不相同。具体操作时，应参照设备的安装说明书和相应的试运行规程进行。

1. 设备试运行的目的

（1）对设备在设计、制造和安装等方面的质量做一次全面检查和考验。

（2）更好地了解设备的使用性能和操作顺序，确保设备安全运行，并能投入生产。

2. 试运行前的准备工作

（1）再次擦洗设备、油箱，给各需润滑部位加够润滑油。

（2）手动试运行，检查各运动部件是否能灵活运动。

（3）清除设备上的无关构件，清扫试运行现场。

3. 试运行步骤

试运行一般应遵循先低速后高速，先单机后联机，先无负荷后带负荷，先附属系统后主机，能手动的部分先手动再机动等原则，前一步试运行合格后再进行下一步试运行。

一般的试运行步骤如下：

（1）设备空运转试验。该试验是为了检查设备各部分的动作和相互间作用的正确性，同时也使某些摩擦表面初步磨合，一般称为"开空车"，主要从考核设备安装精度的保持性，设备的稳固性以及传动、操纵、控制、润滑、液压等系统是否正常和灵敏可靠等角度进行考核。

（2）设备负荷运转试验。该试验主要是为了考核设备安装后在一定负荷下能否达到设计使用性能。如因条件限制，可结合实际产品进行试加工试验。在设备负荷运转试验中，应按所规定的规范检查轴承的升温，液压系统的泄漏、传动、操纵、控制、自动、安全等装置是否正常、安全和可靠。

（3）设备精度试验。一般在负荷试验合格后即可按照说明书的规定进行设备精度试验，金属切削机床还应进行几何精度、传动精度以及机床加工精度检查。

4. 设备试运行后的工作

（1）首先断开设备的动力源或总电路，然后做好下列设备检查和试运行记录。

（2）设备几何精度、加工精度的检验记录及其他功能的试验记录。

（3）设备试运行中的情况（包括试车中对故障的排除）以及无法调整及消除的问题。

（4）对整个设备试运行作业的评定结论。

（三）设备的验收与移交使用

设备安装竣工后，应就工程项目进行验收。设备安装工程一般由设备使用单位向施工单位验收。工程验收完毕，即施工单位向使用单位交工后，设备即可投入生产和使用。工程验收时，施工单位应提交下列资料：

1. 竣工图

施工图是设计单位提供的，但在施工中根据实际情况，施工单位或使用单位可对设计单位的施工技术文件提出修改，并经双方认可后重新按修改方案绘制的图即竣工图。

2. 有关设计修改的文件

有关设计修改的文件（包括设计修改通知单、施工技术核定单、会议记录等）统称"设计变更"文件，平时应妥善保存，交工时应提交给使用单位。

3. 施工过程中的各种重要记录

各种重要记录是指主要材料和用于重要部位材料的出厂合格证和检验记录、重要焊接件的焊接试验记录、试运行记录等。

4. 隐蔽工程记录

隐蔽工程是指工程结束后，已埋入地下或建筑结构内的从外面看不到的工程。对于隐蔽工程，应在工程隐蔽前，由有关部门会同检查，确认合格后记录其方位、方向、规格和数量，然后方可隐蔽。隐蔽工程记录表应在检查后及时、如实填写，并由专业监理工程师签字，工程验收完毕后一并提交给使用单位。

5.各工序检查记录

若整个安装工程比较庞大，必须分割为若干施工过程，则施工中应按照每道工序的要求写出详尽的检测记录作为工程验收时的依据，一并提交给使用单位。

6.其他有关资料

其他有关资料包括吹扫试压、仪表校验、重大返工等的记录，重大问题及处理意见记录，以及施工单位向使用单位提供的建议和意见。

第三节　设备的日常管理

一、设备台账及档案的管理

设备资产是企业必不可少的重要组成部分，是企业生产能力的主要因素及技术的物质基础。为了确保企业资产的完整性，有效发挥设备资产效能，持续提高生产技术装备水平和经济效益，必须严格完善并实施设备资产管理。

设备资产管理是一项重要的基础管理工作，是对设备运作过程中的实物形态和价值形态的规律进行分析、控制并实施管理。

其管理工作主要包括如下四点：

(一)设备资产编号

企业中的设备种类繁多且复杂，为了便于快速区分各种设备的种类、型号以及序号等，一种科学有规律的数字组成应运而生，这就是给资产编号来表示设备的各种特征。设备资产编号方法的最大特点是方便直观、简单统一。

设备资产的编号在不同的行业和企业有着各自的规定，因为各种行业或企业的设备有着不同的工作环境和情况，所以在编号时要结合各种情况统一分类并结合恰当的方法。下面介绍机械工业系统《设备统一分类及编号目录》中的分类编号方法。

设备资产编号由两段数字组成，前一段数字为设备的代号，后一段为该代号设备的顺序号，两段数字之间用横线连接。

(二) 设备固定资产卡片

固定资产卡片是指记录固定资产各种资料的卡片，是固定资产进行明细分类核算的一种账簿形式，也是设备资产的凭证。固定资产的全部档案都会记录在上面，即固定资产从进入企业开始到退出企业的整个生命周期所发生的全部情况都会记录在案。设备管理部门和财会部门应为被列为固定资产的设备建立单台设备的固定资产卡片并登记设备的编号，记录基本数值和动态，还要按使用和保管单位的顺序建立设备卡片册。随着设备的调换、增减、更新及报废，可以在卡片册内调动卡片的位置，增减及补充卡片的信息和数量。固定资产卡片上的栏目有类别、编号、名称、规格、型号、建造单位、建造年月、投产年月、原始价值、预计使用年限、折旧率、存放地点、使用单位、大修理日期和金额，以及停用、出售、转移、报废、清理等内容。

(三) 设备台账

根据设备编号及分类统计的需要，设备管理部门必须编制设备台账。设备台账是掌握企业设备资产情况，反映企业各种类型设备的拥有量、先进程度、设备分布及其变动情况的主要根据。它一般有两种编排形式：一种是设备分类编号台账，它按类组代号分页，按资产编号顺序排列，便于新增设备的资产编号和分类分型号统计；另一种是按照企业车间、班组顺序使用编排的设备台账，这种形式便于生产维修、计划管理及年终设备资产清点评估。以上两种形式的设备台账，构成了企业设备总台账，且两种台账都可以采用同一种格式。

设备台账应根据不同行业设备的特征内容，摘其中重要的内容用于建立设备台账基本表，对高精度、大型、重型、稀有、关键与进口的生产设备，均应建立台账。

建立设备台账，首先应建立和健全设备的原始凭证，如设备的验收移交单、调拨单、报废单、更新换代单等，根据这些原始单据建立各种设备台账。按财务管理规定，企业在每年末应由财会部门、设备使用部门和设备管理部门一起对设备资产进行清点、检查、维修。要求必须做到两种台账相符，台账、设备卡片、实物相符。对于实物台账不相符的，务必查明原因，进行财务分析处理。要及时了解设备资产的运作状态，为清点设备、进行统计和编制维修计划提供根据，以提高设备资产的利用率，从而为企业资产增值。

(四) 设备档案管理

1. 建立设备档案

设备档案是指设备在规划、设计、制造、安装、调试、使用、维修、技术改造、更新直到报废的全过程中不断积累、鉴定、归纳、整理图样、文字说明、原始凭证、工作记录、事故处理报告等文件资料，通过收集、整理、鉴定、归档、统计、整理工作建立的档案。设备档案是设备技术改造更新、使用、维修等工作的信息收集，是搞好设备维修保养与管理的重要基础资料。

企业设备管理部门应为每台主要生产设备建立设备档案，以保证管理人员详细了解企业的主要生产设备，以防出现突发情况，并将精密、大型、重型、稀有、关键和进口设备，以及起重设备、压力容器等设备的档案作为重点进行管理。

2. 设备档案内容

(1) 设备档案一般由以下部分组成

① 设备投产前有关的验收资料。

② 设备选型和技术经济论证资料、设备购置合同 (副本)。

③ 设备出厂检验合格证以及有关附件。

④ 设备装箱单以及设备开箱检验记录。

⑤ 设备安装记录、试运行精度测试记录、测试记录和验收移交书。

(2) 设备投产后的有关资料

① 设备登记卡片。

②设备故障维修记录。

③设备事故报告单及有关分析处理资料。

④设备状态记录和监测跟踪记录。

⑤设备大修资料、设备改装和技术改造资料。

⑥设备封装（启封）单。

⑦设备报废单。

⑧定期维护及计划检修记录。

⑨其他资料。

设备说明书，设计图样、图册、底图，维护操作规程和典型检修工艺文件等，通常作为设备技术资料由设备技术资料室保管和复制供应，不纳入设备档案袋管理。

3. 设备档案的管理

（1）资料的搜集。搜集与设备活动有直接关联的资料，如设备经过一次维修后，更换或修复的主要零部件清单，维修后的精度与性能检查单等原始记录，对今后研究和评价设备有着重要的参考价值，需要进行系统搜集。

（2）资料的整理。对搜集来的原始资料，要取其精华去其糟粕，删繁就简，让使用者更容易理解、去伪存真地整理与分析，使进入档案的资料具有科学性与系统性，提高其利用价值。

（3）资料的利用。为了充分发挥设备档案的作用，必须建立设备的目录和卡片，以方便使用者快速清晰地查找和检索。

设备档案资料按设备单机整理，存放在设备档案袋内，按编号顺序排列，定期进行登记和入档工作。同时还应做到：

①明确设备档案的具体管理人员，做到档案能够完整安全地保管与使用。

②按照设备档案归档程序做好资料的搜集、分类登记、整理、归档工作。

③未经设备档案管理人员同意，不得擅自抽动取用设备档案，以防一些宝贵档案材料丢失。

④建立并制定设备档案的借阅办法，使设备档案能被科学系统地利用。

⑤加强重点设备的档案管理工作，使其能满足生产维修的需要。

二、设备的重点管理

(一) 重点设备的含义

在企业生产经营中占据不可或缺的重要地位的设备称为重点设备。重点设备是企业设备管理和维修的重点，并且在企业中应有明显的标志以区别于其他设备。

重点设备的分类管理方法是现代科学管理方法之一。其主要目的是将有限的维修资源 (人力成本、物力消费、财力支出) 应用在最重要的设备上，以保证企业生产正常进行。

(二) 重点设备的划分

1. 在生产中的地位

(1) 是否属于关键工序的设备。

(2) 是否属于对关键生产环节影响较大的设备。

2. 对产品质量的影响

(1) 是否属于关键工序设备。

(2) 是否属于精加工设备。

3. 对经营成本的影响

(1) 设备在采购中经济成本较大的设备。

(2) 设备在检查和发生故障后维修成本较高的设备。

4. 对维修成本的影响

(1) 维修工艺较复杂、难度较大的设备。

(2) 维修的零件贵且难以维修的设备。

企业可根据自身的实际情况，选出 10% 左右的设备作为重点设备，在平常的使用和维护中对重点设备重点管理，可以取得较好的经济收益。

三、设备管理制度

设备管理制度是企业使用各项设备的依据和要求，是为了保证生产设备的正常运行，保持设备的技术状况良好，不断改善和提高设备质量而编制的一套完整的规章和制度。企业可以根据自身设备的使用情况，按照国家法律法规的具体要求，结合本行业的生产特点，编制符合本企业生产使用的设备管理制度。

只有建立健全的设备管理制度，使设备的管理和维护有法可依，有章可循，各项设备的生产管理才能稳步有序地开展和运行。

（一）现代设备综合管理的特点及主要内容

我国现行的设备管理是在苏联的计划预防维修、英国的综合工程学、日本的全员生产维修的基础上，对设备的寿命周期内的使用进行综合管理，即现代设备综合管理。这是一种先进的设备管理方法。

1. 现代设备综合管理的特点

（1）现代设备综合管理是对设备生产全过程、全系统的管理，包括对研究、设计、试制、制造、选购、安装调试、使用、维修、更新、技术制造、报废等环节的管理，覆盖整个设备寿命周期。

（2）现代综合管理把设备的设计、制造与使用过程作为一个系统，有利于设备信息的更新和反馈，可以促进产品性能的提高。

（3）现代设备综合管理兼顾技术管理和经济管理，有利于企业取得经济效益最大化。

（4）现代设备综合管理注重"全员参与"，有利于充分发挥设备管理的效能和产值。

（5）现代设备综合管理注重对设备资源的有效利用和管理，更加精细化，防止环境污染，有利于国家的可持续发展。

2. 现代设备综合管理的主要内容

（1）设备的选择和采购：设备是企业进行生产经营的物质基础，合理地选择和采购设备，可使企业有限的资金发挥最大的经济效益。

（2）设备的使用：正确使用设备是非常重要的，只有正确地操作、使用设备，才能有效减少设备的磨损和故障的发生，提高设备的利用率，延长设备的使用寿命。

（3）设备的检查维修和维护：对设备进行日常和定期的维护保养，能减少设备的磨损和故障的发生，延长设备的维修间隔，降低企业维修成本。对重点设备进行鉴定和定期检查，能及时掌握设备的技术状态，及时进行预防维修，减少停机对生产造成的损失。

（4）设备的更新和技术改造：只有进行适当有效的设备更新与技术改造，才能提高和确定设备的生产经营效率，使企业获得最佳的经济效益。

（5）设备的日常管理：主要包括给设备编号，建立设备的固定资产卡片、设备的台账、设备的档案内容，这是设备管理过程中必不可少的基础工作。

（6）设备的经济管理：现代企业的经济活动，是以经济效益为最终目标的设备管理，逐步由技术管理发展到经济管理，用经济理论、原则、方法和手段来管理设备，目的是使企业的经济效益最大化。

（二）现代设备综合管理的各项规章制度

根据现代设备综合管理的内容，设备管理一般包括以下规章制度：

（1）设备管理组织机构制度：规定了设备管理工作的组织形式和人员的配置以及权限。

（2）设备固定资产管理制度：对属于企业固定资产的各种装备的管理规定和管理办法。

（3）设备前期管理制度：包括设备的规划决策、外购设备的造型和采购、自制设备的设计制造、设备的安装调试和设备使用的初期管理等的管理规定和管理办法。

（4）设备技术改造与更新管理制度：包括设备的技术改造和更新的原则和技术以及管理的程序和方法。

（5）进口设备及重点设备管理制度：对进口设备及重点设备的管理办法和制度。

（6）设备使用、操作规程：包括各种设备的使用和操作的具体步骤、方法和注意事项。

（7）作业指导书：包括对每个工序的作业步骤、方法和参数的设置规定的内容。

（8）设备的采购制度：设备采购的程序。

（9）设备管理责任制度：对设备管理的各级人员的权限和责任进行规定。

（10）设备维护保养制度：对设备的日常和定期维护保养时间和内容所

做的规定。

（11）设备计划检修制度：对设备检修计划制订和执行所做的规定。

（12）设备技术档案管理制度：对设备档案管理的内容以及管理办法所做的规定。

（13）设备润滑管理制度：对设备润滑的人员设置、润滑方式、时间和润滑材料等的管理规定。

（14）压力容器管理制度：压力容器属于特种设备，该制度是对操作人员的要求，是对压力容器的安全操作、使用和检查内容所做的规定。

（15）设备事故管理制度：对设备事故的分类、事故的分析和事故的处理等内容所做的规定。

（16）动力设备管理制度：对设备的动力机构、安全操作要求、使用和检查等内容所做的规定。

（17）备件管理制度：对机构人员的设置、备件技术计划、库房经济管理等内容所做的规定。

除以上管理制度外，各企业可根据自身需要制定有关设备管理的办法、规程规定和要求。

（三）设备管理制度的考核指标

企业可以针对设备管理制度的制定和执行效果制定相应的考核制度进行考核。制定过程中，企业应根据自身的实际情况，结合企业特点，制定适合本企业的考核指标。这些考核指标通常包括技术指标和经济指标。常用的考核指标如下：

（1）主要设备完好率。

（2）设备新度系数。

（3）设备更新率。

（4）主要设备利用率。

（5）设备可利用率。

（6）设备故障停机率。

（7）设备固定资产创净产值率。

（四）设备管理的方针和原则

1. 设备管理的方针

设备管理必须以效益为中心，坚持依靠技术进步、促进生产经营发展以及以预防为主的方针。

（1）坚持以效益为中心的方针，就是要建立设备管理的良好运行机制，积极推行设备综合管理，加强企业设备资产的优化组合，加大企业设备资产的更新改造力度，挖掘人才资源，确保企业固定资产的保值增值。

（2）坚持依靠技术进步的方针，一是要用实用新设备替换老设备，二是运用新技术对老旧设备进行技术改造，三是推广设备故障诊断技术、计算机辅助管理技术等管理新手段。

（3）坚持促进生产经营发展的方针，就是要正确处理企业生产经营与设备管理的辩证关系。首先设备管理必须坚持为提高生产率、保证产品质量、降低生产成本、保证订货合同期和安全环保、实现企业经济效益服务。其次，必须深化环保管理的改革，建立和完善设备管理的激励制度，企业经营者必须充分认识设备管理工作的地位和作用，尤其重要的是必须保证资产的保值增值，为企业的长远发展提供保证。

（4）坚持以预防为主的方针，就是企业为确保设备持续高效正常运行，防止设备非正常劣化，在依靠状态检测、故障诊断等技术的基础上，逐步向以状态维修为主的维修方式发展。设备制造部门应主动收集设备使用部门的信息，不断提高技术水平，改变制作工艺，转变传统设计思想，把"维修预防"纳入设计概念中去，逐步向"无维修设计"目标努力。

2. 设备管理的原则

设备管理要坚持以下五个相结合的原则，即设计制造与使用相结合、维护与计划检修相结合、维修技术改造与更新相结合、专业管理与群众管理相结合、技术管理与经济管理相结合。

（1）设计制造与使用相结合，是指设备制造单位在设计的指导思想上和生产过程中，必须充分考虑全寿命周期内设备的可靠性、维修性、经济性等指标，最大限度地满足用户的需要。使用单位应正确使用设备，在设备的使用维修过程中，及时向设备的设计制造单位反馈信息，实行设备全过程管理的重点和难点，也正是设备制造单位与使用单位相结合的问题。当前必须加强设备的宏观管理，培育和完善设备要素市场，为实现设备全过程管理创造良好的外部条件，买方市场的形成必将打破设计制造与使用相脱节的格局。

（2）维护与计划检修相结合是贯彻以预防为主的方针，保证设备持续、安全、经济运行的重要措施，加强设备运行中的维护保养、检查监测、调整润滑，可以有效保持设备的各项功能，延长设备维修间隔，减少维修工作量。对于现代化设备，应加强维护保养，在设备检查和状态监测的基础上实施预防性检修，不仅可以及时恢复设备的功能，同时又为设备的维护创造了良好的条件，减少维修工作量，降低维修费用，提高设备使用率，延长设备使用寿命。此外，在设备的设计制造和选购时，应考虑其维护和检修的特性。

（3）维修技术改造与更新相结合是提高企业技术装备素质的有效措施。维修是必要的，但一味追求维修是不可取的，它会阻碍技术进步，企业必须建立自我发展的设备更新改造运行机制，依靠技术进步，采用高新技术，多方筹集资金更新旧设备，以技术经济分析为手段和依据，进行设备大修更新改造。当前在维修中强调与重视技术改造，实行修改结合，尤其具有现实意义。

（4）专业管理与群众管理相结合，要求必须建立从企业领导到一线工人全员参加的组织关系。实行全员管理有利于设备管理各项工作的广泛开展，专业管理有利于深层次的研究，两者结合有利于实现设备综合管理。

（5）技术管理与经济管理是不可分割的统一体，只有技术管理，不讲经济管理，易变成低效益或无效益管理，使设备管理缺乏生命力。技术管理包括对设备的设计制造规划、选择维修、监测试验、更新改造等技术活动，以确保设备技术状态完好和设备装备水平不断提高。经济管理不仅是折旧费、维修费和投资费的管理，更重要的是设备资产的优化配置和有效运营，确保资产的保值增值。

上述五个相结合的原则是我国多年设备工程实践的结晶，随着市场经济体制和现代企业制度的建立和完善，推行设备综合管理必须与企业管理相结合，设备全社会管理必须与企业设备管理相结合。

第四节 设备的运行与维护管理

一、设备的运行管理

(一) 正确使用与维护设备的意义

投入正常生产运行的设备在人工操作下负载运转，发挥作用的过程，称为设备的使用过程。

在运行过程中，设备由于受到力、时间、温度、湿度、操作、润滑等因素的影响，其零部件会逐渐磨损，其结构也会发生一系列缓慢的变化，设备的运行状态因此不断下降，工作效能逐渐降低直至丧失，这个过程称为设备的劣化过程。虽然设备的劣化不可避免，但是可以通过采取一系列技术措施使劣化过程延缓。为延缓设备劣化而采取的技术措施称为设备维护。

在生产活动中，为了使设备充分发挥作用，延长设备使用寿命，就必须在规范操作的基础上对设备进行系统的维护。设备的使用和维护工作包括：制定并完善设备操作维护规程，进行设备的日常维护与定期维护，开展设备点检、设备润滑、设备的状态监测、设备维修等方面的工作。规范操作设备可以防止设备发生非正常磨损和事故，使设备正常、无故障地长期工作。而系统的维护则起着对设备保养的作用，它可以延缓设备的劣化进程，防患于未然。要做到规范使用设备，首先要规范对使用过程的管理，如制定操作规程，对操作人员进行系统培训，建立相关奖惩制度和技术经济责任制度等。其次，对设备的系统维护，即在设备维护工作方面严格管理，建立起短期和长期的设备定时润滑，零部件更换、检修等制度。规范操作加上系统维护，能够尽可能地延缓设备的劣化进程，保持设备的工作效能，延长设备的使用寿命，从而保障设备的生产效率和产品质量，降低产品成本，减少因停工和维修而产生的费用，提高经济效益。可以说，重视和提高设备使用和维护管理水平，是企业良性发展过程中的必要环节。

(二) 设备技术状态的完好标准

设备技术状态标准是指设备所具备的工作能力，包括性能、精度、效率、运动参数、安全、环境保护、能源消耗等所处的状态及其变化情况。设备于企业而言，是企业为实现其自身对某种产品的生产工艺和生产效率要求而配置的，因而设备的技术状态对于企业的产品质量、生产效率、经济效益有着直接的影响。

在设备的实际使用过程中，由于在工作条件、人工操作、加工对象等因素的共同作用下，设备原设计制造时所确定的功能和技术状态不断劣化。通常情况下，设备在使用过程中时常处于以下三种状态：一是完好的技术状态，这种状态是设备的正常状态，处于这种状态下的设备可以顺利、流畅地进行生产作业；二是故障状态，出现这种状态意味着设备已经丧失其主要工作性能，不可继续工作，需要检查和维修；三是故障前状态，这种状态是完好的技术状态和故障状态中间的一段"灰色地带"，此种状态下设备虽然尚未发生故障，却存在着异常和缺陷。虽然设备劣化的过程不可逆转，但可以通过技术手段延缓，从而预防和减少设备故障的发生。因此，企业必须正确、合理使用设备，制定科学的操作规程，对设备定期进行状态检查，加强设备养护和管理。

1. 设备技术状态完好标准的制定准则

衡量设备技术状态的情况，需要制定相应的设备技术状态标准。从衡量的对象进行分类，可以将设备技术状态标准分为设备工作能力标准和设备技术状态完好标准。设备的工作能力标准是指衡量设备在静止状态下功能和参数的一系列标准，如精度、性能、粗糙度、功率、效率、速度、受力等的允许范围以及精度指数和工程能力指数等，反映在规定的设备技术条件中。设备的技术条件是考核设备设计、制造质量的绝对标准，并在设备加工制造完成后载入其中。设备的技术条件是考核设备设计、制造质量的绝对标准，并在设备加工制造完成后载入设备出厂精度检验单和说明书中，又称为设备技术状态绝对标准或静态标准。设备技术状态完好标准是指衡量设备在使用过程中的情况的标准，如设备的精度、性能与完好状态，是根据设备加工产品的质量以及设备管理维修的效果等而定的，所以设备技术状态完好标准又称为设备技术状态相对标准或动态标准。

设备技术状态完好标准应当是具体的、可进行量化分析和评价的，一般包含以下六项原则：

（1）设备的性能良好。如机械设备精度能满足生产工艺要求，动力设备的生产能力达到原设计标准，运转时稳定，无超压超温现象等。

（2）设备运转正常。零部件齐全，没有较大的缺陷、磨损，腐蚀程度不超过规定的技术标准，主要计量仪器、仪表和液压、润滑系统安全可靠。

（3）设备能耗正常。原料、能源（燃料、油料、电力）等消耗正常，基本无漏油、漏水、漏气、漏电等现象。

（4）设备的制动、连锁、防护、保险、安全及电气控制装置等齐全完好、灵敏可靠。

（5）生产上有特殊要求的设备，除上述要求外，还应根据不同的情况做相应的进一步规定，如化工设备的防腐、防爆，煤炭设备的防潮、防爆等。

（6）对于由两种以上的设备组合进行生产的大型设备，如动力站房、高炉、焦炉、轮机、造纸机等，除上述要求外，还要根据机组的完整性对主机和辅机做相应的具体规定。

企业应参照以上六项原则，并根据本企业设备实际情况制定完好设备的具体标准，作为本企业内判断设备是否完好的通行标准。

2. 设备状态完好标准实施细则

上述设备状态完好标准的要求只是普适的一般性规定，在实际生产操作过程中还会遇到相关的一些具体问题。因此，在制定设备技术状态评定标准时，一方面要做到以确切的数值来表示，使标准具有实际的可操作性，从而更好地对被评估设备的技术状态进行评价。另一方面还需参照一些具体的实施细则。下面以金属切削机床为例来进行说明。

（1）精度、性能达到生产工艺要求，精密、稀有机床主要精度性能达到出厂标准：

① 对于精密、稀有机床，应按说明书规定的出厂标准检查其主要精度项目，如传动精度、运动精度、定位精度等，均应稳定可靠，满足工艺要求。

② 对于属于机修、工具车间的精加工、半精加工金属切削机床及生产车间专用于维修金属切削机床的精度，可根据机床是否精密、加工对象（产品）要求的精度（包括尺寸、形状位置、表面粗糙度）、使用部门及条件、机床设备投入工作时间长短、大修的次数等情况，确定检查项目。

③ 对于使用时间较长、大修两次以上以及原制造质量较差，难以恢复

其精度的设备，在经主管领导或工程师批准后可适当降低精度标准，其具体公差要报上级主管部门备案。

④在逐项进行完好情况检查时，对精度、性能满足生产工艺要求的，可按各类机床规定的加工范围，结合产品工艺规程的技术要求进行加工切削试验。试验结果应能达到产品质量规定的表面粗糙度及形位公差（圆度误差、直线度误差、平面度误差、垂直度误差、平行度误差、倾斜度误差等）要求，并保证能稳定生产一定数量的合格产品。

(2) 各传动系统运转正常，变速齐全：

① 设备运行时无异常冲击、振动、噪声和爬行现象。

② 主传动和进给运动变速齐全，各级运转正常、平稳、无异响。

③ 液压传动系统各元件动作灵敏可靠，系统压力符合要求。

④ 主轴承在最高转速运转30分钟后其温度应稳定，滑动轴承温度不超过60℃，滚动轴承温度不超过70℃。

⑤ 通用机床改为专用机床时，在满足工艺要求的前提下减少不必要的变速系统和相关的零件，仍然算是完好的。

(3) 各操作系统灵敏可靠：

① 操作、变速手柄动作灵敏、定位可靠，各操作手柄工作时无捆绑和附加重物现象。

② 传动手轮所需操纵力和反向空行程量均应符合通用技术规程。

③ 制动、联锁、锁紧和保险装置齐全完整、灵敏可靠。

(4) 润滑系统装置齐全，管线完整，性能灵敏，运行可靠：

① 润滑系统的液压元件、过滤器、油嘴、油杯、油管、油线等应完整无损、清洁畅通。

② 表示油位的油标、油窗要清晰醒目，确保操作者能通过其观察油位或润滑油滴入的情况。

(5) 电气系统装置齐全，管线完整，性能灵敏，运行可靠：

① 配电箱内清洁，布线整齐，各种线路标志明显，连接可靠。

② 元器件完整无损，定位可靠，接触良好，动作灵敏。

③ 外部导线要有完整保护装置，蛇形管无脱落和破损。

④ 各按钮、开关及各种显示信号作用可靠，仪表指针转动灵活，误差

在允许的范围内。

3. 设备技术状态的考核指标

目前对于企业生产设备的技术状态的通行考核指标是设备完好率。设备完好率是主要生产设备完好台数与主要生产设备拥有台数的百分比。主要生产设备是指企业所有已经安装，且修理复杂系数在5以上的生产设备，包括正常使用、处理备用、封存和检修状态的设备，但不包括尚未投入生产的设备。完好设备是指经过检查符合设备完好标准的主要设备。凡完好标准中的主要项目有一项不合格者或次要项目有两项不合格者，即不完好设备。在检修的设备，应按检修前技术状态来计算。企业完好设备台数必须是逐台检查的结果，不得采用抽查的方法推算。

对设备的技术状态检查完毕后，凡有问题的设备和不符合完好标准的设备，检查人员均应填写设备完好状态检查结果反馈卡，做好记录，以作为安排维修计划和进行维修的依据。

（三）设备的使用管理

设备在人工或其他外力作用下，按照预设的运行方式，发挥规定的功能的过程称为设备的使用过程。由于设备会不断劣化，设备技术状态会不断降低，企业需要对设备的技术状态变化进行实时的管理，必须正确使用设备，以保障生产效率。

1. 合理使用设备的基础性工作

（1）合理配备设备。企业应当根据自身的生产计划、产品技术标准以及企业的发展方向，对所拥有的各种设备进行合理的组合配置，以达到"1+1>2"的效果。进行设备配备时要考虑主要生产设备、辅助生产设备、动力设备和工艺加工专用设备的配套性，要考虑各类设备在性能方面和生产率方面的互相协调。同时，随着产品结构的改变，产品品种、数量和技术要求的变化，各类设备的配备比例也应随之调整，使其相互适应。除此之外，还应注意提高设备工艺加工的适应性和灵活性。

企业对设备的配置应当从企业生产实际出发，着眼于企业发展大局，以发挥设备的最大作用和最高利用效果。

（2）按设备技术性能合理地安排生产任务。在布置生产任务时，企业应注意使所布置的生产任务和相应设备的实际工作效能相适应，例如，不能安排精密机器做粗活，更不可以超范围、超负荷使用设备。

（3）加强工艺管理。一家企业的工艺水平和产品质量，很大程度上取决于其设备的技术状态。通常来讲，设备技术状态越好，则工艺水平越高，产品质量越优。但不可忽略的是，工艺的合理性也会对设备技术状态产生一定的影响。合理的工艺设计有利于正确使用设备，应严格按照设备的技术性能、要求和范围以及设备的结构、精度等来确定加工设备。

（4）配备合格的操作者。随着设备现代化程度的提高，其结构原理日益复杂，这就要求企业需配备具有一定文化水平和技术熟练的工人来使用设备。操作工人使用设备前必须进行岗前培训，学习设备的结构、操作和安全等基本知识，了解设备的性能和特点，同时进行必要的实训锻炼，经考核合格后，颁发操作证，操作工人凭证操作。企业应有计划、经常地对操作工人进行技术培训，以不断提高其设备使用、维护的能力。

（5）保证设备相应的工作环境和工作条件。工作环境和工作条件也是设备设计中的重要内容，例如，有些设备要求工作环境清洁，不受腐蚀性物质的侵蚀；有些设备需安装必要的防腐、防潮、恒温等装置；有些自动化设备还应配备必要的测量、控制和安全报警等装置。这些设备需要在一定的工作环境和工作条件下才能够更好地发挥效用，因此在安装时就要考虑设备的工作环境和条件要求，以保证设备正常使用。

（6）给设备提供及时、充分的物质保证。设备的正常工作必须要有物质支持，如能源、原材料、辅料、工具、附件、备件等方面的保障，其中任一环节不到位，都有可能导致设备运行中止。所以，在设备开始使用前就应对各类物质消耗供应做好计划，对库存、消耗做好记录、及时补充，保障各类物质供应充分、及时。

（7）编制操作维护规范。设备安全操作规范和设备维护保养规范能够指导工人合理正确地操作设备，维护设备，对于安全生产有着基础性、指导性的意义。

2.设备合理使用的主要措施

（1）充分发挥操作者的积极性。设备发挥作用、生产产品的过程离不开人工操作，充分调动和发挥工人的积极性是用好、管好设备的根本保证。因此，企业应当制定规范的设备操作培训制度和奖惩制度，定期组织工人进行设备操作方面的培训，并对在设备操作管理方面成绩显著的工人进行褒奖，对违规操作设备的工人进行处罚。另外，企业还应经常对职工进行爱护设备的宣传教育，不断提高职工爱护设备的自觉性和责任心。

（2）健全必要的管理制度体系。设备使用管理规章制度主要包括设备使用守则、设备操作规程和使用规程、设备维护规程、操作人员岗位责任制度等。建立健全并严格执行这些规章制度，使合理使用设备有章可循。

（3）建立专人管理制度，检查、督促设备合理使用。设立"设备检查员"，其职责是：负责拟订设备使用守则、设备操作规程等规章制度；检查、督促操作工人严格按使用守则、操作规程使用设备；在企业有关部门配合下，负责组织操作工人岗前技术培训；负责设备使用期信息的存储和反馈。设备检查员有权对违反操作规程的行为采取相应措施，直至该行为得以改正。由于设备检查员责任重大、工作范围广、技术性强、知识面宽，一般选择组织能力较强，具有丰富经验，具有一定文化水平和专业知识的工程师、技师担任。

3. 设备使用制度

设备使用制度是指生产企业所指定的，用以指导和规范操作人员正确使用设备的规章制度的总称。设备使用制度的内容通常包括定人、定机制度，凭证操作制度，交接班制度等。

（1）定人、定机制度。"定人""定机"的目的是将执行设备操作、维护、保管的责任细分，并且落实到人，使责任人相对稳定，一般不发生大的变动。按照定人、定机的原则，单人操作的设备由该设备操作者个人负责，多人操作的设备由班组长或机长负责，公用设备指定专人或部门负责人负责。

（2）凭证操作制度。凭证操作设备是设备操作正确和操作工人安全的重要保障。普通设备的操作工人由使用部门分管设备的人员考核后，方可上机操作。精密、大型、稀有和重点设备的操作工人，可以由企业设备主管部门主考，考试合格后统一由企业设备主管部门签发设备操作证。根据生产经营的实际情况，对某些设备还可以要求操作工人取得执业证书。技术熟练的工人，经教育培训后确有多种技能者，考试合格后可得多种设备的操作证。

（3）交接班制度。在生产任务较重的时期，企业的主要生产设备常常实行多班制生产。为了保障各班组能够顺利交接班，设备运行顺利，必须执行设备交接班制度。交班人在下班前除完成日常维护作业外，还必须将本班设备运转情况、运行中发现的问题、故障维修情况等详细记录在"交接班记录簿"上，并主动向接班人介绍设备运行情况。双方当面检查、交接，完毕后在交接班记录簿上签字。如系连续生产设备或加工时不允许中途停机者，可在运行中完成交接班手续。如操作工人不能当面交接生产设备，交班人可在做好日常维护工作，将操纵手柄置于安全位置，并详细记录运行情况及发现的问题后，交生产组长签字代接。接班人若发现设备异常、记录不清、情况不明和设备未清扫等情况，可以拒绝接班。如交接不清的设备在接班后发生问题，则由接班人负责。企业在用生产设备均需设交接班记录簿，并应保持清洁、完整，不准撕毁、涂改与丢失，用完后向车间交旧换新。设备维修组应随时查看交接班记录簿，从中分析设备技术状态，为状态管理和维修提供信息。维修组内也应设交接班记录簿(或值班维护记录簿)，以记录设备故障的检查、维修情况，为下一班人员提供信息。设备管理部门和使用单位负责人要随时抽查交接班制度执行情况，并作为车间评比考核内容之一。

参考文献

[1] 付勃.电气自动化控制方式研究 [M].北京：现代出版社，2023.

[2] 宁艳梅，史连，胡葵.电气自动化控制技术研究 [M].长春：吉林科学技术出版社，2023.

[3] 郭廷舜，滕刚，王胜华.电气自动化工程与电力技术 [M].汕头：汕头大学出版社，2021.

[4] 吴士涛，闫瑾，梁磊.电气自动化控制与安全管理 [M].秦皇岛：燕山大学出版社，2022.

[5] 杜艳洁，宁文超，张毅刚.现代电力工程与电气自动化控制 [M].长春：吉林科学技术出版社，2021.

[6] 闫来清.机械电气自动化控制技术的设计与研究 [M].北京：中国原子能出版社，2022.

[7] 万志宇.电气自动化控制方式研究 [M].北京：中国建材工业出版社，2024.

[8] 刘伟.电气自动化控制技术及其创新应用研究 [M].天津：天津科学技术出版社，2024.

[9] 李卫，茅小海，凌乐聆.城市轨道交通技术 [M].天津：天津科学技术出版社，2023.

[10] 高洁，孙艳英，陈玉艳.城市轨道交通运营安全 [M].北京：机械工业出版社，2024.

[11] 李璐.城市轨道交通概论 [M].北京：北京理工大学出版社，2022.

[12] 齐伟.城市轨道交通概论 [M].第 2 版.上海：上海交通大学出版社，2022.

[13] 王茹玉，张治国.城市轨道交通车辆电气控制 [M].成都：西南交通大学出版社，2023.

[14] 赵慧，毕红雪，李熙.城市轨道交通列车网络控制及应用 [M].成

都：西南交通大学出版社，2023.

[15] 罗钦，陈菁菁 . 城市轨道交通概论 [M]. 第 2 版 . 成都：西南交通大学出版社，2021.

[16] 王海燕 . 城市轨道交通列车牵引计算 [M]. 北京：北京理工大学出版社，2022.

[17] 邓春兰 . 轨道交通牵引供变电技术 [M]. 合肥：中国科学技术大学出版社，2021.

[18] 王吉峰，邓春兰 . 城市轨道交通牵引变电所运行与维护 [M]. 成都：西南交通大学出版社，2023.

[19] 郑永坤，邵彬，王先军 . 电力与电气设备管理 [M]. 长春：吉林科学技术出版社，2020.

[20] 安梓鸣，熊振华，李继成 . 电力设备管理与电力系统自动化 [M]. 长春：吉林科学技术出版社，2023.

[21] 张停，闫玉玲，尹普 . 机械自动化与设备管理 [M]. 长春：吉林科学技术出版社，2021.

[22] 张映红，韦林，莫翔明 . 设备管理与预防维修 [M]. 北京：北京理工大学出版社，2019.

[23] 肖璐 . 设备管理 [M]. 重庆：重庆大学出版社，2021.